高等职业教育计算机系列教材

U0846665

计算机信息技术基础实训教程

（第2版）

张东明　主　编

邱　铮　李　博　朱　娜　副主编

刘　颖　主　审

電子工業出版社

Publishing House of Electronics Industry

北京 • BEIJING

内 容 简 介

本书分为 6 个模块，主要内容包括计算机操作系统、文字处理软件 Word 2010、电子表格处理软件 Excel 2010、演示文稿制作软件 PowerPoint 2010、浏览网页与收发电子邮件、信息技术基础应用。每个模块又分为若干任务，通过任务驱动的方式培养学生解决实际问题的能力，达到“做中学”的目的。本书与《计算机信息技术基础》（第 2 版）配套使用。

本书既可作为高等职业院校计算机基础相关课程的教学用书，也可作为计算机初学者的自学用书。

图书在版编目（CIP）数据

计算机信息技术基础实训教程 / 张东明主编. —2 版. —北京：电子工业出版社，2021.8
ISBN 978-7-121-41882-2

Ⅰ. ①计…　Ⅱ. ①张…　Ⅲ. ①电子计算机－高等职业教育－教材　Ⅳ. ①TP3

中国版本图书馆 CIP 数据核字（2021）第 173586 号

责任编辑：徐　玲　　文字编辑：张　彬
印　　刷：三河市华成印务有限公司
装　　订：三河市华成印务有限公司
出版发行：电子工业出版社
　　　　　北京市海淀区万寿路 173 信箱　邮编 100036
开　　本：787×1 092　1/16　印张：7　　字数：179.2 千字
版　　次：2015 年 9 月第 1 版
　　　　　2021 年 8 月第 2 版
印　　次：2022 年 8 月第 2 次印刷
定　　价：25.00 元

凡所购买电子工业出版社图书有缺损问题，请向购买书店调换。若书店售缺，请与本社发行部联系，联系及邮购电话：（010）88254888，88258888。

质量投诉请发邮件至 zlts@phei.com.cn，盗版侵权举报请发邮件至 dbqq@phei.com.cn。

本书咨询联系方式：xuling@phei.com.cn。

前　　言

计算机技术的发展和创新，使得计算机在办公领域的应用越来越普及，办公自动化正在改变传统的办公模式，熟悉计算机操作系统和使用办公软件进行工作与管理已成为众多办公人员必须具备的基本技能。

本书针对不同层次读者的实际需求，讲解读者所需要的、迫切想要掌握的内容，以案例来串联各种常用和实用知识。本书从操作系统和办公软件应用出发，以 Windows 7 和 Office 2010 办公软件为平台，以现代办公应用中常用的文件管理、文字编辑排版、数据处理、演示文稿、浏览网页与收发电子邮件的综合应用为主要内容，并且提供了大量与信息技术基础知识相关的选择题供读者参考和练习。通过对本书的学习，读者不仅可以掌握基本的理论知识，而且可以在实际的商务办公活动中灵活应用所学知识解决实际问题。

本书分为 6 个模块，主要内容包括计算机操作系统、文字处理软件 Word 2010、电子表格处理软件 Excel 2010、演示文稿制作软件 PowerPoint 2010、浏览网页与收发电子邮件、信息技术基础应用。每个模块又分为若干任务，通过任务驱动的方式培养读者解决实际问题的能力，达到"做中学"的目的。

本书由张东明教授担任主编，邸铮、李博和朱娜老师担任副主编，臧海英、闫鹏飞、詹龙、杨东方等老师对各模块内容提出了许多宝贵意见。因此，本书是集体智慧的结晶。全书由刘颖副教授担任主审。

在编写本书的过程中，参考了大量的文献资料，在此向这些文献资料的作者深表感谢。由于编写时间仓促，编者水平有限，书中难免有不当和欠妥的地方，敬请各位专家、读者批评指正。

编　者

目　　录

模块 1　计算机操作系统

任务 1　Windows 7 的基本操作

实训要求

设置个性化的 Windows 7 工作环境。

实训目的

1. 了解和熟悉 Windows 7 工作环境。
2. 熟练掌握设置个性化的 Windows 7 工作环境的基本方法。

实训内容

1. 创建账户

任务要求：创建一个操作系统账户。

操作步骤：

（1）选择“开始”→“控制面板”命令，如图 1-1 所示。

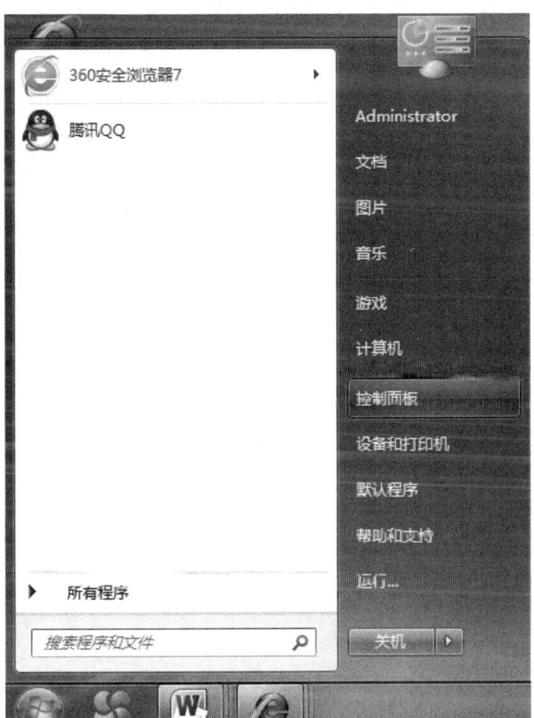

图 1-1　“控制面板”命令

（2）在打开的如图 1-2 所示的“控制面板”窗口，单击“用户账户[1]和家庭安全”下的“添加或删除用户账户”选项，打开“管理账户”窗口。

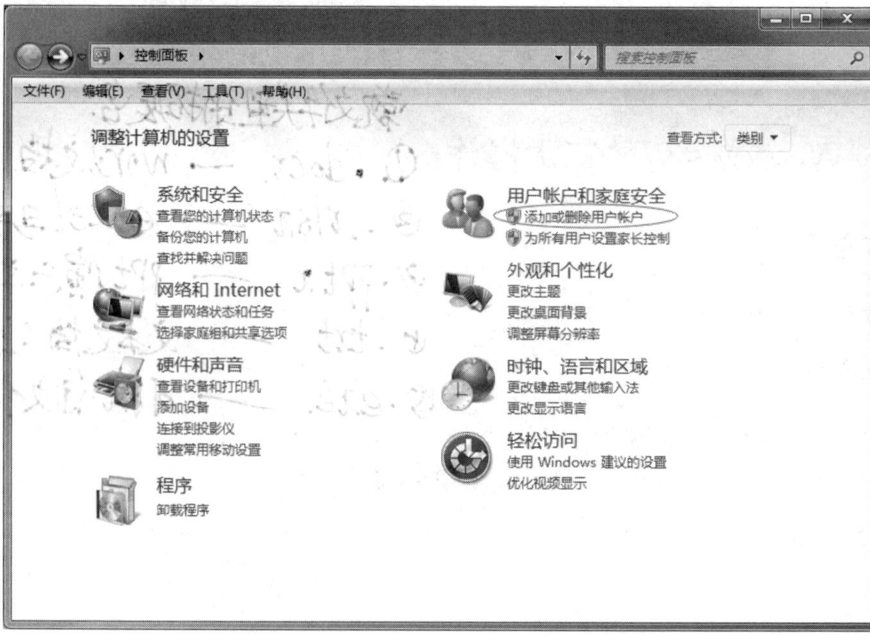

图 1-2　“控制面板”窗口

（3）在“管理账户”窗口单击“创建一个新账户”选项，如图 1-3 所示。

图 1-3　“管理账户”窗口

① 本书使用规范汉字，故不使用图中的“帐户”。

（4）在打开的如图 1-4 所示的“创建新账户”窗口的文本框中输入要建立的账户名（如 qhdvtc），选中“标准用户”或“管理员”单选按钮，单击“创建账户”按钮即可创建一个新账户。

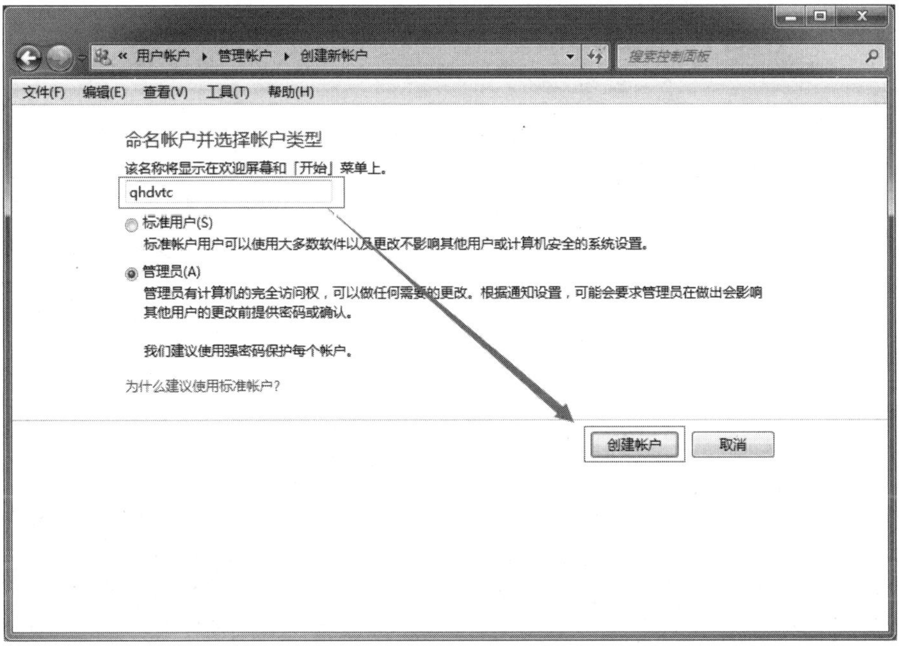

图 1-4　“创建新账户”窗口

（5）新建账户后，在“更改账户”窗口中单击此账户头像可编辑账户名称、密码、图片等一系列信息，如图 1-5 所示。

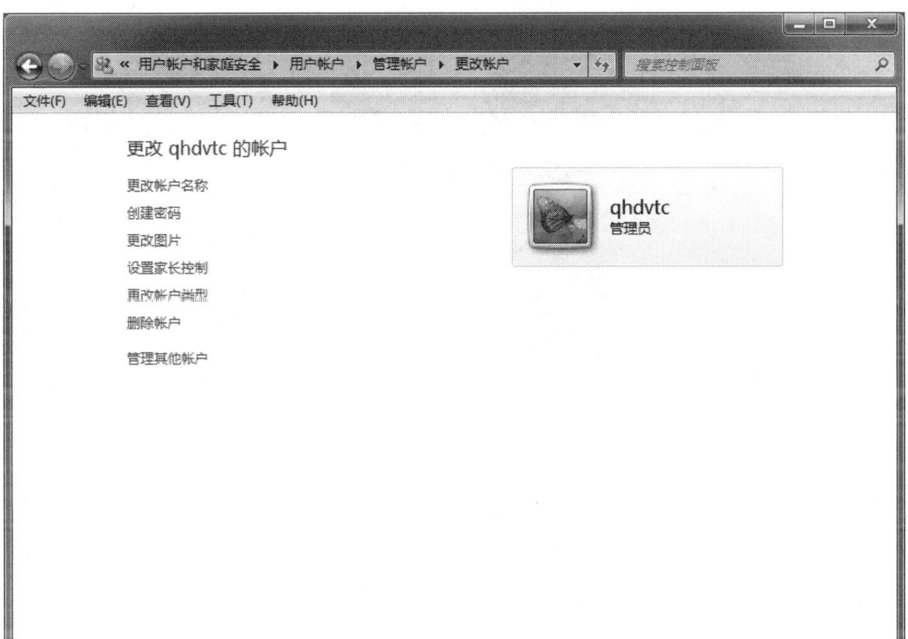

图 1-5　“更改账户”窗口

2．安装和卸载软件（如卸载 Office 2003、安装 Office 2010）

任务要求：安装和卸载软件。

操作步骤：

（1）选择“开始”→“控制面板”命令，在打开的“控制面板”窗口中单击“程序”下的“卸载程序”选项，打开“卸载或更改程序”窗口。

（2）从程序列表中选中“Microsoft Office Standard Edition 2003”选项，单击鼠标右键，在弹出的快捷菜单中选择“卸载”命令，系统会自动卸载该程序。

（3）安装 Office 2010。不论是光盘中安装程序，还是下载或复制到硬盘中的安装程序，打开相应的文件夹，找到 setup.exe 文件，双击，系统即可自动安装该软件，操作过程简单。

3．设置个性化桌面

任务要求：设置系统的主题、桌面背景和屏幕保护程序；设置系统的任务栏和“开始”菜单。

操作步骤：

（1）在桌面空白处单击鼠标右键，在弹出的快捷菜单中选择“个性化”命令，系统打开如图 1-6 所示的“个性化”窗口。可在此分别进行主题、桌面背景和屏幕保护程序的设置。

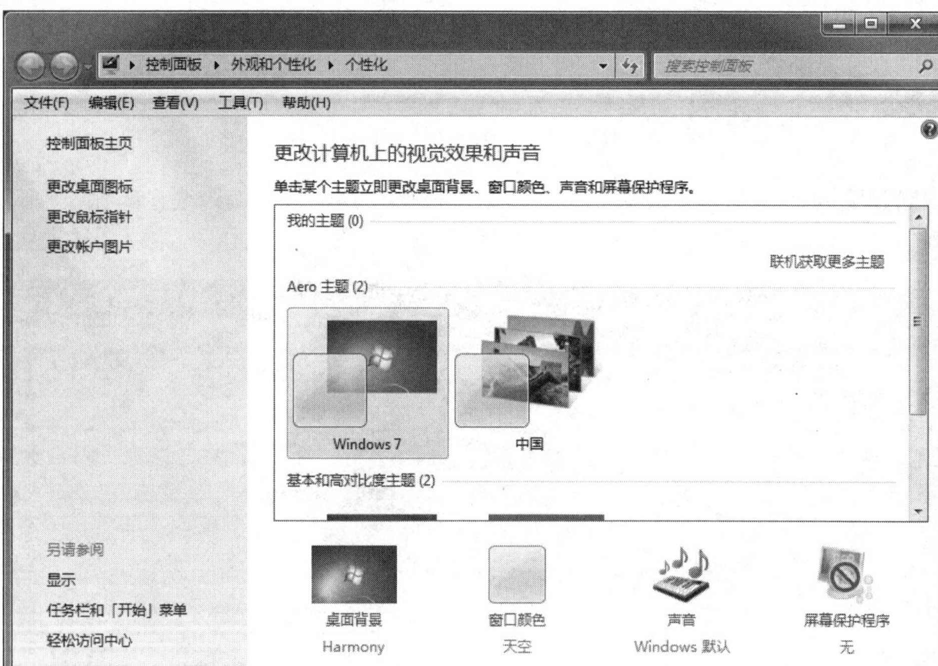

图 1-6 “个性化”窗口

（2）在任务栏上单击鼠标右键，在弹出的快捷菜单中选择“属性”命令；或者在图 1-6 所示窗口中单击左下方的“任务栏和「开始」菜单”选项，打开“任务栏和「开始」菜单属性”对话框。在此对话框中可设置任务栏和“开始”菜单的相关属性。

4．设置常用输入法快捷键

任务要求：设置系统的常用输入法快捷键。

操作步骤：

（1）打开“控制面板”窗口，单击右侧的“更改键盘或其他输入法”选项，打开“区域和语言”对话框。

（2）单击“键盘和语言”选项卡中的“更改键盘”按钮。

（3）在打开的“文本服务和输入语言”对话框的“高级键设置”选项卡中选择要更改快捷键的输入法，如万能五笔输入法，并单击“更改按键顺序”按钮，在弹出的“更改按键顺序”对话框中选择相应的按键，单击“确定”按钮，完成常用输入法的快捷键设置。在之后的实际应用中，按快捷键就可以方便地调出万能五笔输入法，比切换输入法要快捷。

5．格式化U盘

任务要求：格式化中毒或扇区损坏的U盘。

操作步骤：

（1）双击桌面上的“计算机”图标。

（2）在打开的“计算机”窗口中选中要格式化的可移动存储设备的图标，单击鼠标右键，在弹出的快捷菜单中选择“格式化”命令。

（3）在弹出的“格式化”对话框中选中“快速格式化”复选框后单击“开始”按钮，完成U盘的格式化。

任务2　管理文件和文件夹

实训要求

根据要求实现对文件和文件夹的管理。

实训目的

1．进一步理解文件和文件夹的概念及命名规则。

2．熟练掌握文件和文件夹的相关操作方法。

实训内容

1．新建文件夹

任务要求：在D盘下建立“学生信息”文件夹。

操作步骤：

（1）双击桌面上的“计算机”图标。

（2）打开“计算机”窗口，单击该窗口左侧目录树中的“本地磁盘 D”选项后，右侧工作区域会显示D盘根目录下所有的文件和子文件夹。

（3）在窗口右侧任意空白处单击鼠标右键，在弹出的快捷菜单中选择“新建”→“文件夹”命令。

（4）在文件夹名称的光标所在位置输入“学生信息”后按Enter键即可。

2．新建文件并设置文件属性

任务要求：在“学生信息”文件夹下建立一个名为“学生基本信息.xlsx”的Excel文件，

设置“只读”“隐藏”属性。

操作步骤：

（1）在“计算机”窗口选择“工具”→“文件夹选项”命令，打开“文件夹选项”对话框。

（2）在“文件夹选项”对话框的“查看”选项卡中，取消选中“隐藏已知文件类型的扩展名”复选框，使所有文件均显示带扩展名的完整名称。

（3）双击目录树上的“学生信息”文件夹。

（4）在窗口工作区域空白处单击鼠标右键，在弹出的快捷菜单中选择“新建”命令的下一级菜单中分割线以下的任意一个命令。

（5）在文件名的光标所在位置输入完整的文件名“学生基本信息.xlsx”后按 Enter 键。在弹出的对话框中单击“是”按钮。

（6）选中新建的文件，单击鼠标右键，在弹出的快捷菜单中选择“属性”命令。

（7）在弹出的对话框中，同时选中“只读”和“隐藏”复选框，单击“确定”按钮。

3．查找文件并创建快捷方式

任务要求：在 C 盘下查找 calc.exe 文件，并在桌面上创建其快捷方式，重命名为“计算器”。

操作步骤：

（1）在“计算机”窗口的目录树中单击“本地磁盘 C”选项。

（2）在窗口右上方的“搜索”文本框中输入 calc.exe 进行搜索。选中搜索到的文件，单击鼠标右键，在弹出的快捷菜单中选择“复制”命令。

（3）在桌面任意空白处单击鼠标右键，在弹出的快捷菜单中选择“粘贴快捷方式”命令。

（4）用鼠标右键单击快捷方式的名称，在弹出的快捷菜单中选择“重命名”命令。

（5）在文件名的光标处输入“计算器”后按 Enter 键。

模块 2　文字处理软件 Word 2010

任务 1　制作会议通知

实训要求

某学校要召开 2020—2021 学年第二学期学生会总结大会，需起草一则通知，告知各系学生会和院学生会各部门开会的时间、地点及有关要求。

实训目的

1．了解和熟悉 Word 2010 工作环境。
2．熟练掌握文档编辑和排版的基本操作方法。

实训内容

1．创建空白文档

任务要求：创建一个空白文档，并将其保存为文件名为“2021 年学生会总结大会会议通知.docx”的文件，如图 2-1 所示。

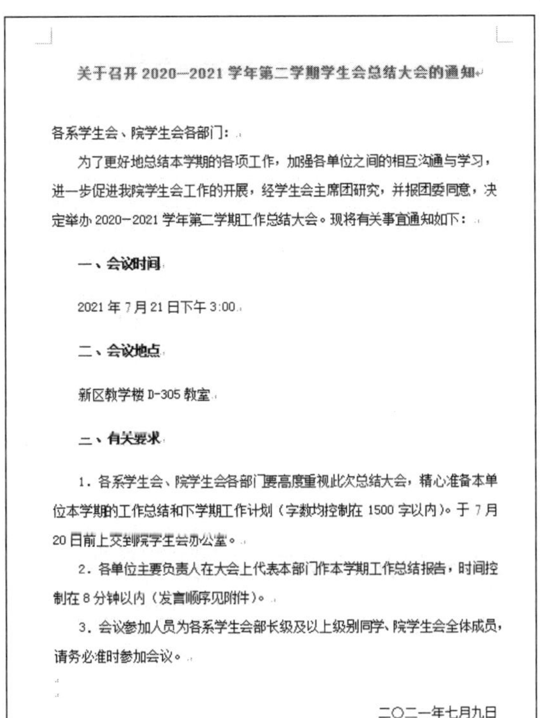

关于召开 2020—2021 学年第二学期学生会总结大会的通知

各系学生会、院学生会各部门：

为了更好地总结本学期的各项工作，加强各单位之间的相互沟通与学习，进一步促进我院学生会工作的开展，经学生会主席团研究，并报团委同意，决定举办 2020—2021 学年第二学期工作总结大会。现将有关事宜通知如下：

一、会议时间

2021 年 7 月 21 日下午 3:00

二、会议地点

新区教学楼 D-305 教室

二、有关要求

1. 各系学生会、院学生会各部门要高度重视此次总结大会，精心准备本单位本学期的工作总结和下学期工作计划（字数均控制在 1500 字以内）。于 7 月 20 日前上交到院学生会办公室。

2. 各单位主要负责人在大会上代表本部门作本学期工作总结报告，时间控制在 8 分钟以内（发言顺序见附件）。

3. 会议参加人员为各系学生会部长级及以上级别同学、院学生会全体成员，请务必准时参加会议。

二○二一年七月九日

图 2-1　会议通知效果

操作步骤：

（1）启动 Word 2010：选择“开始”→“所有程序”→“Microsoft Office”→“Microsoft Word 2010”命令即可启动 Word 2010。启动后，系统将自动按默认模板新建一个空白文档，默认文档名为“文档 1”。

（2）将该文档保存为文件名为“2021 年学生会总结大会会议通知.docx”的文件：单击“文件”菜单按钮，在弹出的菜单中选择“另存为”命令，打开“另存为”对话框。在“另存为”对话框中修改文件保存路径、文件名和保存类型后，单击“保存”按钮即可。

2．进行页面设置

任务要求：纸张大小为 A4，页边距上、下、左、右均为 2 厘米，页眉、页脚距边界均为 1.5 厘米。

操作步骤：

（1）在“页面布局”选项卡的“页面设置”选项组中分别设置“纸张大小”和“页边距”等，如图 2-2 所示。

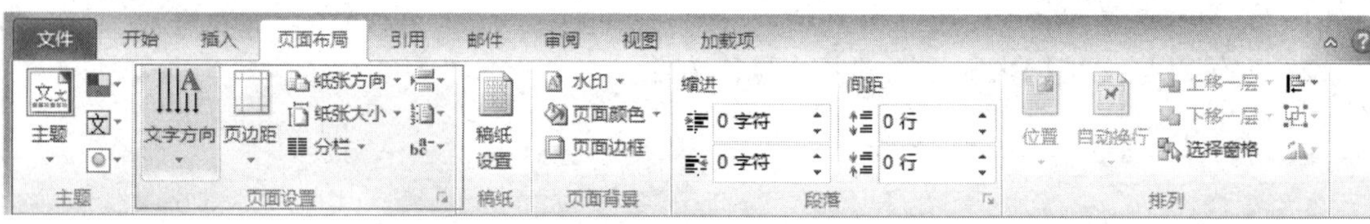

图 2-2 “页面布局”选项卡

（2）单击“页面设置”选项组右下角的按钮，打开“页面设置”对话框。在“页面设置”对话框的“版式”选项卡中设置页眉和页脚与边界的距离，然后单击“确定”按钮，如图 2-3 所示。

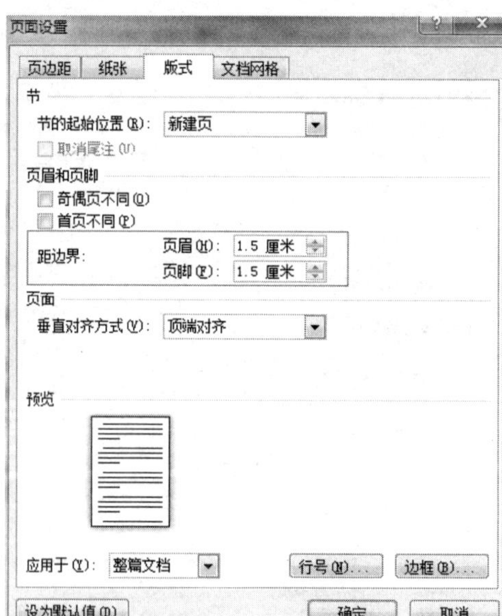

图 2-3 “版式”选项卡

3．输入文档内容

在文档中输入会议通知的具体内容，包括文字、特殊符号、日期、时间及其他文本内容。

1）切换输入法

任务要求：切换输入法。

操作步骤：

（1）Word 2010 默认的输入法是英文输入法，可直接在光标闪烁的位置输入英文。如果要输入中文，必须切换到中文输入法状态。

（2）按 Ctrl+Shift 组合键，可在输入法之间进行切换；按 Ctrl+Space 组合键，可在中英文输入法之间进行切换。

2）插入日期

任务要求：在 Word 2010 文档中插入日期。

操作步骤：单击“插入”选项卡“文本”选项组中的“日期和时间”按钮，打开“日期和时间”对话框，如图 2-4 所示。在“可用格式”列表中选择相应的时间格式。

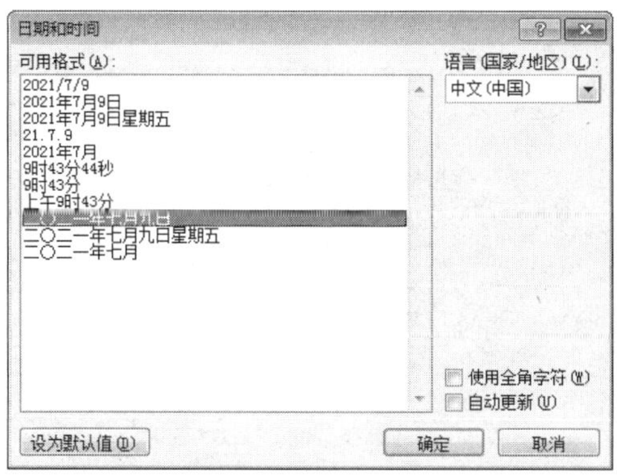

图 2-4　“日期和时间”对话框

3）输入特殊字符

任务要求：在 Word 2010 文档中输入特殊字符。

操作步骤：单击“插入”选项卡“符号”选项组中的“符号”按钮，在打开的下拉列表中选择相应的符号。如果下拉列表中没有需要的符号，可以选择“其他符号”命令，在打开的“符号”对话框中进行选择。

4. 设置标题及正文文本和段落格式

1）设置标题格式

任务要求：宋体、三号、红色、加粗、右下斜偏移阴影，水平居中对齐、段前间距为 1 行、段后间距为 2 行。

操作步骤：

（1）选择要设置字体的文本。

（2）在“开始”选项卡的“字体”选项组中设置字体格式，如图 2-5 所示。

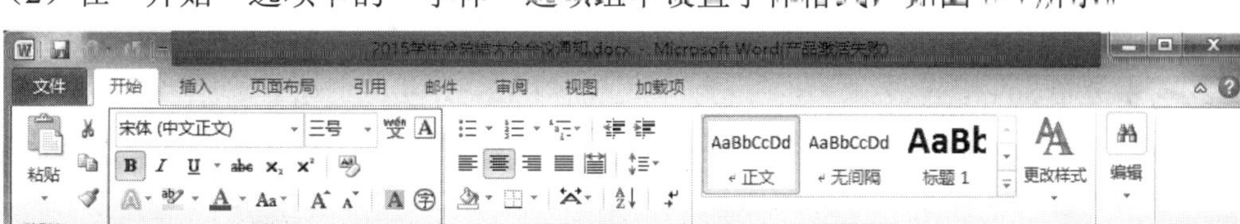

图 2-5　“开始”选项卡

（3）在“开始”选项卡“段落”选项组中设置段落格式。如果“段落”选项组中没有相应的格式设置按钮，可以单击“段落”选项组右下角的 按钮，打开“段落”对话框，如图 2-6 所示。在“段落”对话框的“缩进和间距”选项卡中进行相应格式的设置，单击“确定”按钮。

图 2-6 “段落”对话框

2）设置小标题（一、会议时间；二、会议地点；三、有关要求）格式

任务要求：宋体、四号、加粗，首行缩进 2 字符、段前间距为 1 行、段后间距为 1 行、左对齐。

操作步骤：

（1）按住 Ctrl 键的同时单击 3 个小标题，将 3 个小标题选中。

（2）设置字体格式和段前后间距的方法同设置标题格式的方法。

（3）单击“段落”对话框“缩进和间距”选项卡中的“特殊格式”下拉按钮，在打开的下拉列表中选择“首行缩进”，在“磅值”文本框中输入“2 字符”。

（4）单击“段落”对话框“缩进和间距”选项卡中的“对齐方式”下拉按钮，在打开的下拉列表中选择“左对齐”，单击“确定”按钮。

3）设置其余部分（除上面两种标题以外的部分）的格式

任务要求：宋体、四号，首行缩进 2 字符、1.25 倍行距、两端对齐。

操作步骤：

（1）选中要设置格式的文本中的一段，用上面叙述的方法设置格式。

（2）将光标定位在已经设置好格式的文本中。

（3）单击“开始”选项卡“剪贴板”选项组中的“格式刷”按钮，如图 2-7 所示。

（4）移动鼠标，当鼠标指针变成小刷子形状的时候，分别选中其他要设置成同样格式的文本。

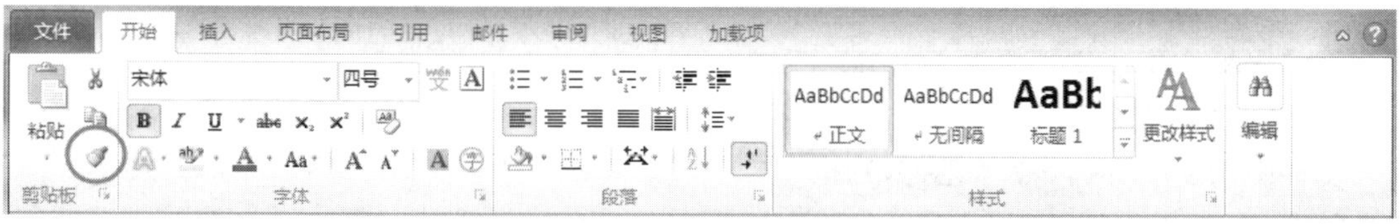

图 2-7　“格式刷”按钮

任务 2　制作端午节海报

实训要求

根据所给素材制作一张图文并茂的端午节海报。

实训目的

熟练使用 Word 2010 制作图文并茂的文档。

实训内容

端午节海报效果如图 2-8 所示。

图 2-8　端午节海报效果

1．把一个文档中的内容插入新文档中

任务要求：在一个文档中插入另一个文档中的内容。

操作步骤：

（1）新建一个空白文档，并将其保存为文件名为“端午节.docx”的文件。

（2）把“端午节素材.docx”中的素材插入“端午节.docx”文档中。

①将光标定位在文档“端午节.docx”中。

②单击“插入”选项卡“文本”选项组中的“对象”下拉按钮，在打开的下拉列表中选择“文件中的文字”命令，如图 2-9 所示。

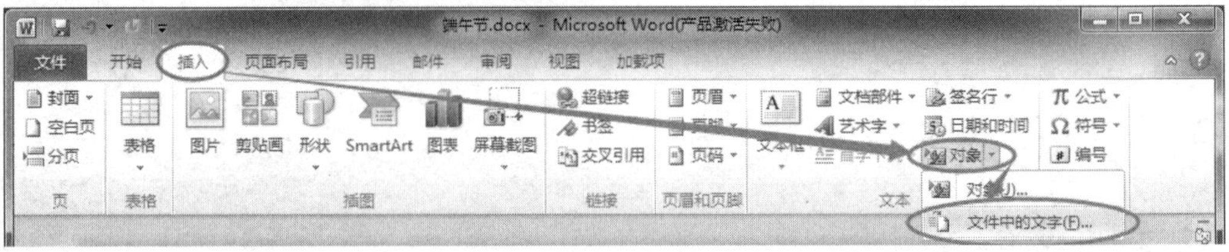

图 2-9 “文件中的文字”命令

③在弹出的“插入文件”对话框中选中文件“端午节素材.docx”，单击“插入”按钮。

2．设置页面边框

任务要求：为文档设置边框。

操作步骤：

（1）打开“页面设置”对话框，单击“版式”选项卡中的“边框”按钮。

（2）在弹出的“边框和底纹”对话框的“页面边框”选项卡中，先选择如图 2-10 所示的艺术型，然后选择边框样式，单击“确定”按钮。

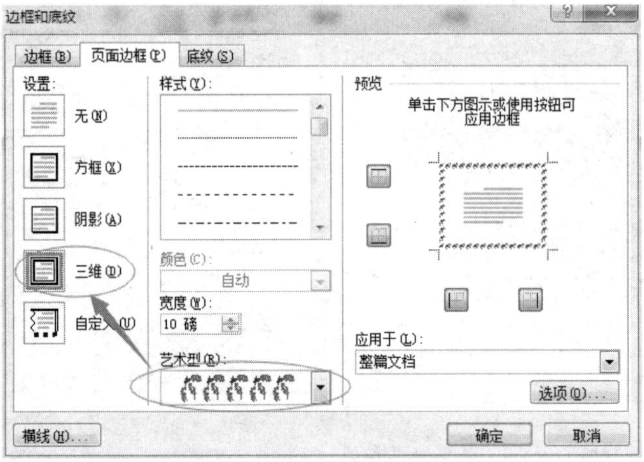

图 2-10 “页面边框”选项卡

3．使用艺术字制作标题

任务要求：将文章标题“端午节”设置为艺术字，选择第五行第四列的样式，艺术字形状为“正梯形”，填充效果为“茵茵绿原”，艺术字版式为“上下型”，水平居中。

操作步骤：

（1）选中文章标题“端午节”。

（2）单击“插入”选项卡“文本”选项组中的“艺术字”按钮，在打开的下拉列表中选择第五行第四列的样式，如图 2-11 所示。

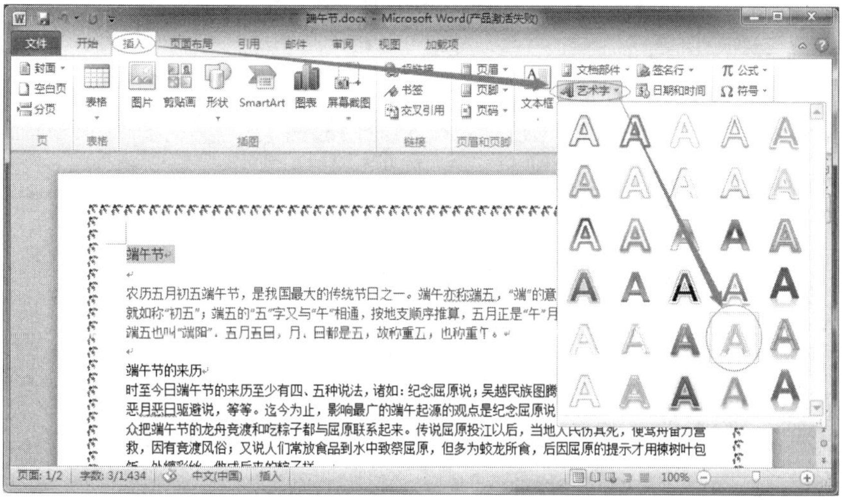

图 2-11 “艺术字”下拉列表

（3）选中艺术字“端午节”，单击“绘图工具—格式”选项卡“艺术字样式”选项组中的“文本效果”按钮，在打开的下拉列表中选择“转换”→“正梯形”命令。

（4）选中艺术字“端午节”，单击“绘图工具—格式”选项卡“艺术字样式”选项组中的“文本填充”按钮，在打开的下拉列表中选择“渐变”→“其他渐变”命令。

（5）在弹出的如图 2-12 所示的“设置文本效果格式”对话框的“文本填充”选项卡中选中“渐变填充”单选按钮，单击“预设颜色”按钮，在打开的下拉列表中选择“茵茵绿原”，单击“关闭”按钮。

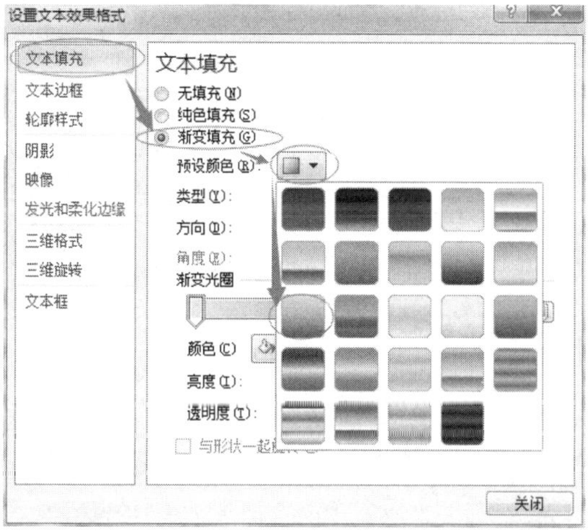

图 2-12 “设置文本效果格式”对话框

（6）选中艺术字，单击“绘图工具—格式”选项卡“排列”选项组中的“位置”按钮，在打开的下拉列表中选择“其他布局选项”命令。在弹出的如图 2-13 所示的“布局”对话框的“文字环绕”选项卡中选择环绕方式“上下型”。

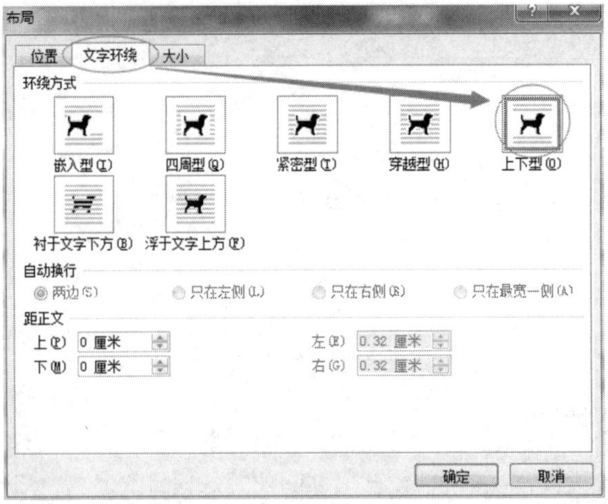

图 2-13 “文字环绕”选项卡

（7）在“布局”对话框的“位置”选项卡中设置艺术字的对齐方式，单击“确定”按钮，如图 2-14 所示。

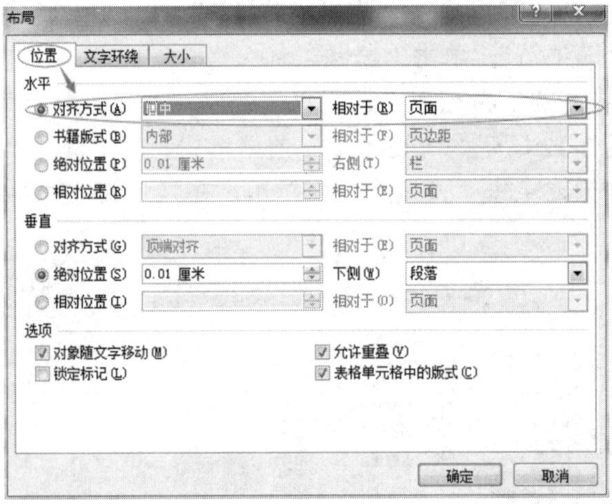

图 2-14 “位置”选项卡

4．添加编号和项目符号

1）添加编号

任务要求：为文章的小标题添加编号“一、”“二、“三、”等。

操作步骤：

（1）将光标定位在“端午节的来历”前。

（2）单击“开始”选项卡“段落”选项组中的“编号”下拉按钮，在打开的下拉列表中选择编号样式，如图 2-15 所示。

（3）将光标定位在“端午节的习俗”和“端午节的诗词”前，重复步骤（2）的操作。

注意：如果在“端午节的诗词”前添加的编号是“一、”，则单击编号起点处的“自动更正选项”按钮，在打开的下拉列表中选择“继续编号”命令。

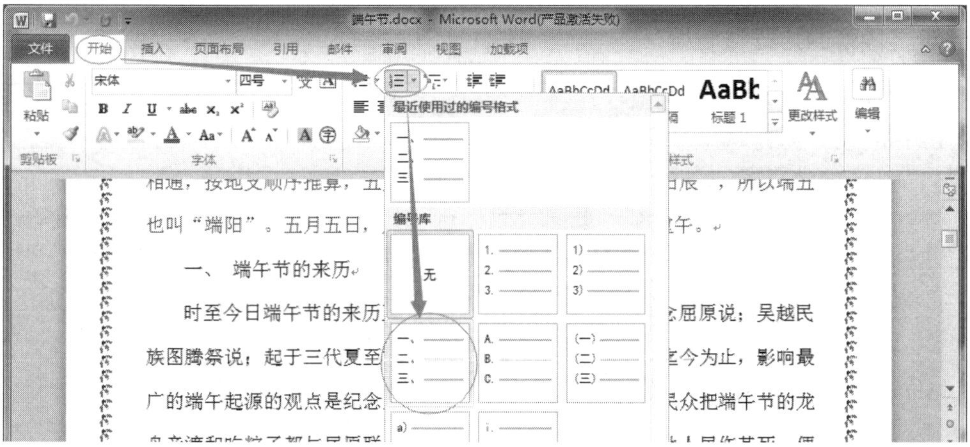

图 2-15 “编号”下拉列表

2）添加项目符号

任务要求：为文档中的“吃粽子”“赛龙舟”和“佩香囊戴五彩绳”文字添加项目符号。

操作步骤：

（1）将光标分别定位在“吃粽子”“赛龙舟”和“佩香囊戴五彩绳”前。

（2）单击“开始”选项卡“段落”选项组中的“项目符号”下拉按钮，在打开的下拉列表中选择符号样式。

注意：如果“项目符号”下拉列表中没有所需的项目符号，则选择“定义新项目符号”命令，在弹出的“定义新项目符号”对话框中单击“符号”或“图片”按钮，在弹出的对话框中寻找所需的项目符号。

5. 分栏显示文本

任务要求：使“佩香囊戴五彩绳”下的文字分栏显示。

操作步骤：

（1）选中“佩香囊戴五彩绳”下的整段文字。

（2）单击“页面布局”选项卡“页面设置”选项组中的“分栏”按钮，在打开的下拉列表中选择“更多分栏”命令。

（3）在弹出的如图 2-16 所示的“分栏”对话框中设置分栏样式，单击“确定”按钮。

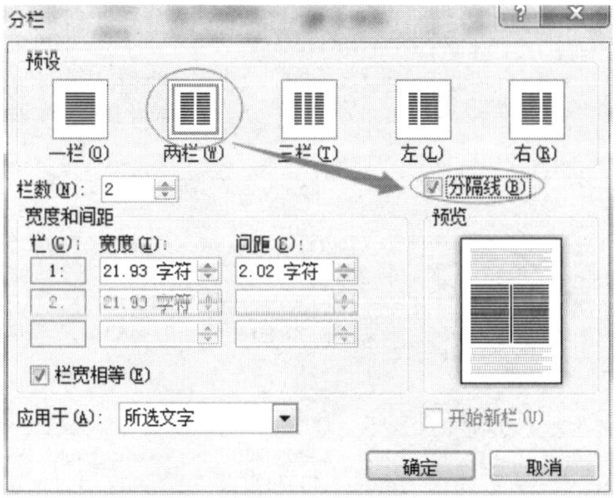

图 2-16 “分栏”对话框

6．设置段落的边框和底纹

任务要求：将正文第一段文字设置为 1.5 磅，浅绿色边框，浅绿色底纹。

操作步骤：

（1）选中第一段文字。

（2）单击“页面布局”选项卡“页面背景”选项组中的“页面边框”按钮，弹出“边框和底纹”对话框，在“边框”和“底纹”选项卡中，分别设置段落边框和底纹样式，单击“确定”按钮，如图 2-17 和图 2-18 所示。

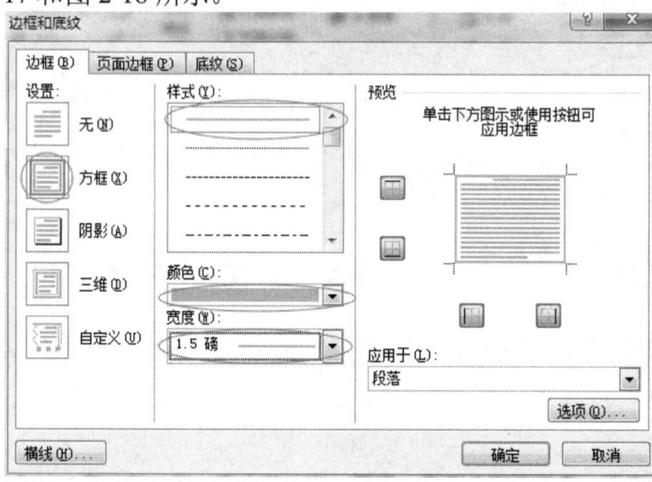

图 2-17　“边框”选项卡

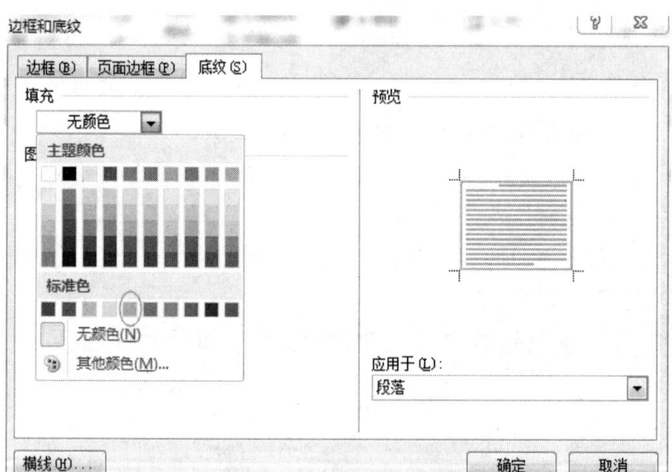

图 2-18　“底纹”选项卡

7．设置首字下沉

任务要求：设置正文第一个字“农”首字下沉。

操作步骤：

（1）选中第一段第一个字“农”。

（2）单击“插入”选项卡“文本”选项组中的“首字下沉”按钮，在打开的下拉列表中选择“首字下沉选项”命令。

（3）在弹出的如图 2-19 所示的“首字下沉”对话框中设置“位置”为“下沉”，“下沉行数”为“2”，单击“确定”按钮。

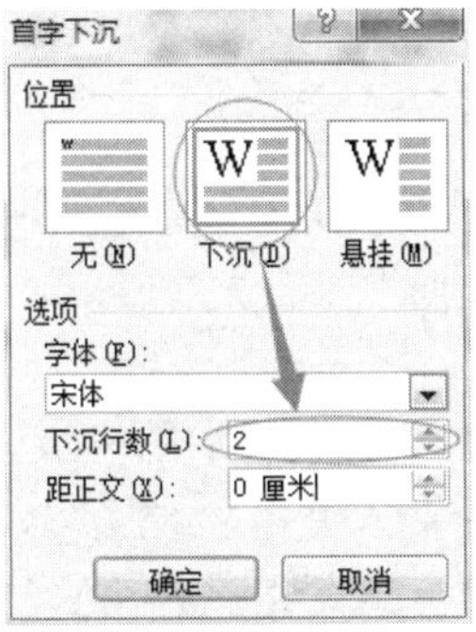

图 2-19　“首字下沉”对话框

8. 设置字符间距

任务要求：将古诗正文的字符间距缩放 120%。

操作步骤：

（1）选中古诗正文，单击“开始”选项卡“字体”选项组右下角的 按钮，打开“字体”对话框，如图 2-20 所示。

（2）把“字体”对话框“高级”选项卡中的字符间距缩放值改为 120%，单击“确定”按钮。

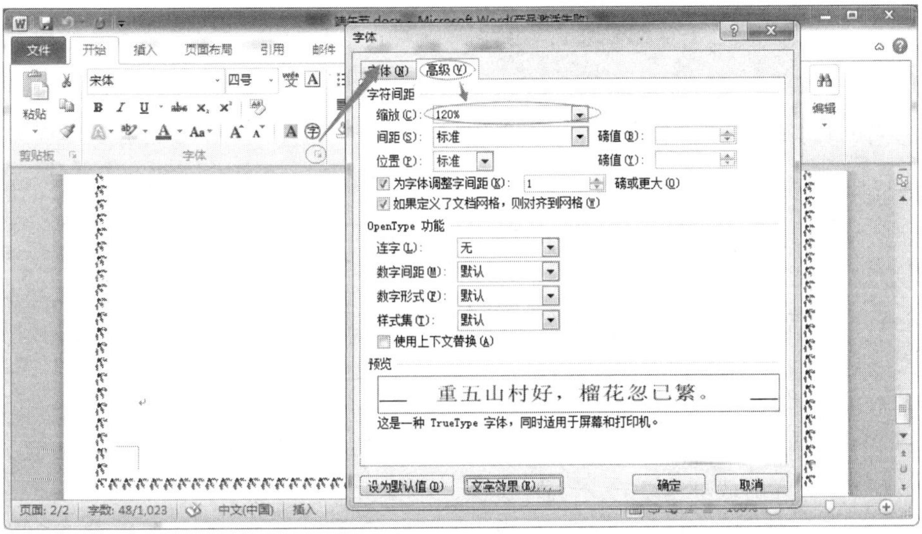

图 2-20　“字体”对话框

9. 插入图片

任务要求：插入图片“粽子.jpg”，设置图片大小为原尺寸的 60%。

操作步骤：

（1）将光标定位在“吃粽子”下的文字中间。

（2）单击“插入”选项卡“插图”选项组中的“图片”按钮，在弹出的“插入图片”对话框中选择“粽子.jpg”，单击“插入”按钮。

（3）在图片上单击鼠标右键，在弹出的快捷菜单中选择“大小和位置”命令。

（4）在弹出的“布局”对话框的“大小”选项卡中，将图片缩放高度改为60%。

（5）在“文字环绕”选项卡中，将环绕方式设置为“四周型”，单击“确定”按钮。

10. 插入文本框

任务要求：在图片下面添加文字“粽子”（使用文本框），文本框高 1 厘米、宽 2 厘米，文本框填充颜色和线条颜色均为“无色”，文字为楷体、五号、绿色。

操作步骤：

（1）单击“插入”选项卡“文本”选项组中的“文本框”按钮，在弹出的下拉列表中选择“简单文本框”命令。在文本框中输入文字“粽子”。

（2）单击文本框的边框线，单击“绘图工具—格式”选项卡“大小”选项组中的“大小”按钮，在打开的下拉列表中修改文本框的大小，如图 2-21 所示。

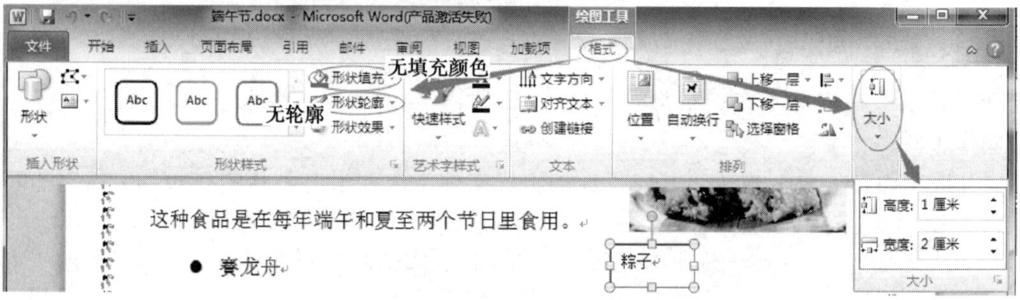

图 2-21 “绘图工具—格式”选项卡

（3）分别单击“绘图工具—格式”选项卡“形状样式”选项组中的“形状填充”和“形状轮廓”按钮，再分别在打开的下拉列表中选择“无填充颜色”和“无轮廓”命令。

（4）选中文字“粽子”，在“开始”选项卡中设置字体、字号和颜色。

11. 图文组合

任务要求：将图片和文字相对水平居中对齐后组合。组合后的图形环绕方式为“四周型”，水平方向距页面右侧 14 厘米，垂直方向距段落下侧 1 厘米。

操作步骤：

（1）单击图片后，按住 Ctrl 键单击文本框。

（2）单击“绘图工具—格式”选项卡“排列”选项组中的“对齐”按钮，在打开的下拉列表中先选择“对齐所选对象”命令，后选择“左右居中”命令，如图 2-22 所示。

（3）在所选对象上单击鼠标右键，在弹出的快捷菜单中选择“组合”命令。

（4）在组合后的对象上单击鼠标右键，在弹出的快捷菜单中选择“其他布局选项”命令，再在弹出的如图 2-23 所示的“布局”对话框的“位置”选项卡中设置对象的位置参数，然后单击“确定”按钮。

12. 查找和替换

任务要求：把文中的“端午节”文字全部设置为红色。

操作步骤：

（1）单击“开始”选项卡“编辑”选项组中的“替换”按钮。

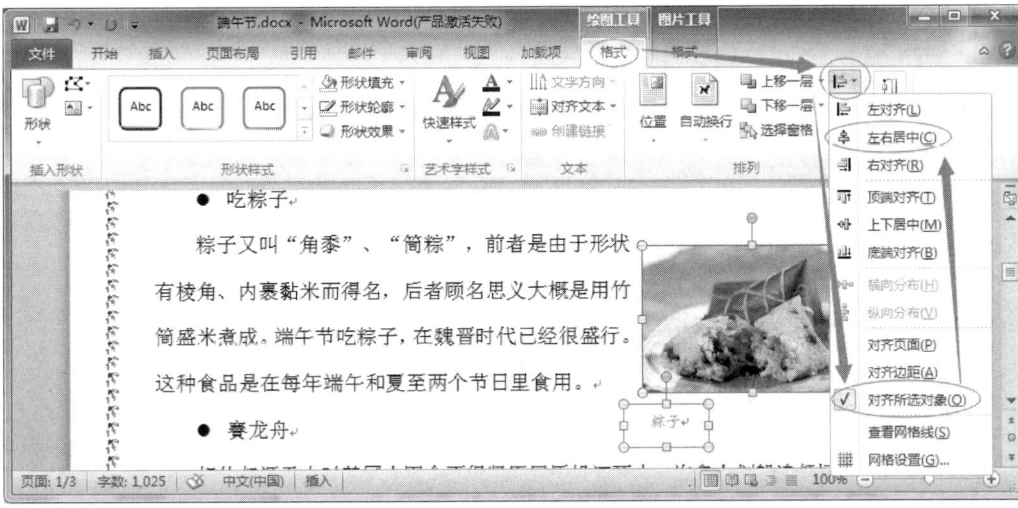

图 2-22 “对齐”下拉列表

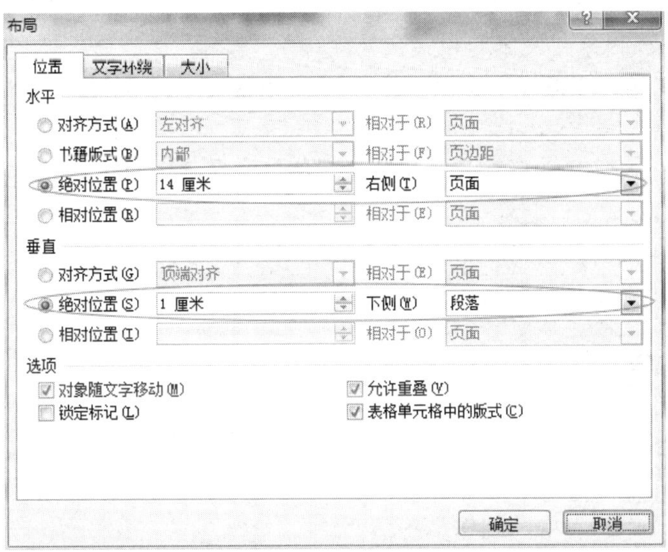

图 2-23 “布局”对话框

（2）在弹出的“查找和替换”对话框的“替换”选项卡中单击“更多”按钮，在“查找内容”和“替换为”文本框中均输入“端午节”。

（3）保证光标在“替换为”文本框中的情况下，单击“格式”按钮，在打开的下拉列表中选择“字体”命令。

（4）在弹出的“字体”对话框中，把“字体颜色”设置为红色，单击“确定”按钮。

（5）单击“查找和替换”对话框中的“全部替换”按钮。

【例 2-1】 把文中所有的空行删掉。

（1）按前述方法打开“查找和替换”对话框。

（2）将光标定位在“查找内容”文本框中。

（3）单击“特殊格式”按钮，在打开的下拉列表中选择“段落标记”命令。

（4）重复步骤（3），以保证“查找内容”文本框中最终为^p^p。

（5）“替换为”文本框为空。

（6）单击“查找和替换”对话框中的“全部替换”按钮。

【例 2-2】 把文中所有的空格删掉。

（1）按前述方法打开“查找和替换”对话框。

（2）将光标定位在“查找内容”文本框中，按空格键（键盘上最长的键）。

（3）“替换为”文本框为空。

（4）单击“查找和替换”对话框中的“全部替换”按钮。

【例 2-3】 把文中的“(1)”“(2)”……“(6)”替换为“★”

（1）选中“(1)”，同时按 Ctrl+C 组合键将其复制到剪贴板。

（2）按前述方法打开“查找和替换”对话框。

（3）将光标定位在“查找内容”文本框中，按 Ctrl+V 组合键，将“(1)”粘贴到文本框中。

（4）删掉左右括号之间的数字。

（5）将光标定位在左右括号之间，单击“特殊格式”按钮，在打开的下拉列表中选择“任意数字”命令，“查找内容”文本框中最终为（^#）。

（6）将光标定位在“替换为”文本框中，按 Shift+Ctrl 组合键把输入法切换为任意一种中文输入法。

（7）单击中文输入法状态条上的“软键盘”按钮，在打开的下拉列表中选择“特殊符号”命令。

（8）在弹出的相应的软键盘中单击相应的按钮。

（9）单击“查找和替换”对话框中的“全部替换”按钮。

任务 3　制作员工请假单

实训要求

利用 Word 2010 中的表格，制作员工请假单。

实训目的

1．了解 Word 2010 中表格的作用。
2．学会表格的设计方法。
3．掌握表格的制作方法及表格格式的设置。
4．掌握单元格的合并、拆分等操作。

实训内容

员工请假单效果如图 2-24 所示。

1．插入表格标题

新建一个空白文档，另存为文件名为“员工请假单.docx”的文件。

1）输入表格标题

任务要求：为表格添加标题。

操作步骤：在文档中光标所在的位置输入“员工请假单”。

员工请假单

<table>
<tr><td>申请人</td><td></td><td>所属部门</td><td></td><td>申请时间</td><td colspan="2"></td></tr>
<tr><td>请假类别</td><td>□病假</td><td>□婚假</td><td>□产假</td><td>□年休假</td><td>□事假</td><td>□其他</td></tr>
<tr><td>请假时间</td><td colspan="3">年　月　日—　　年　月　日</td><td colspan="2">请假天数</td><td></td></tr>
<tr><td>请假事由</td><td colspan="6"></td></tr>
<tr><td rowspan="2">工作交接人</td><td colspan="2">部门管理员(备案)</td><td colspan="2">部门负责人(审批)</td><td colspan="2">人力资源部(备案)</td></tr>
<tr><td colspan="2"></td><td colspan="2"></td><td colspan="2"></td></tr>
</table>

图 2-24　员工请假单效果

2）设置表格标题的格式

任务要求：设置表格标题的格式。

操作步骤：

（1）选中文字“员工请假单”，单击“开始”选项卡“段落”选项组中的“居中”按钮，设置文本居中对齐。

（2）单击“开始”选项卡“字体”选项组中的“字号”下拉按钮，在打开的下拉列表中选择“小二”。

（3）单击“开始”选项卡“字体”选项组中的“加粗”按钮，设置文本加粗。

2．插入指定行数和列数的表格

任务要求：在表格中插入指定行数和列数的表格。

操作步骤：将光标定位在表格标题的下一行，单击“插入”选项卡“表格”选项组中的“表格”按钮，打开“表格”下拉列表，如图 2-25 所示。

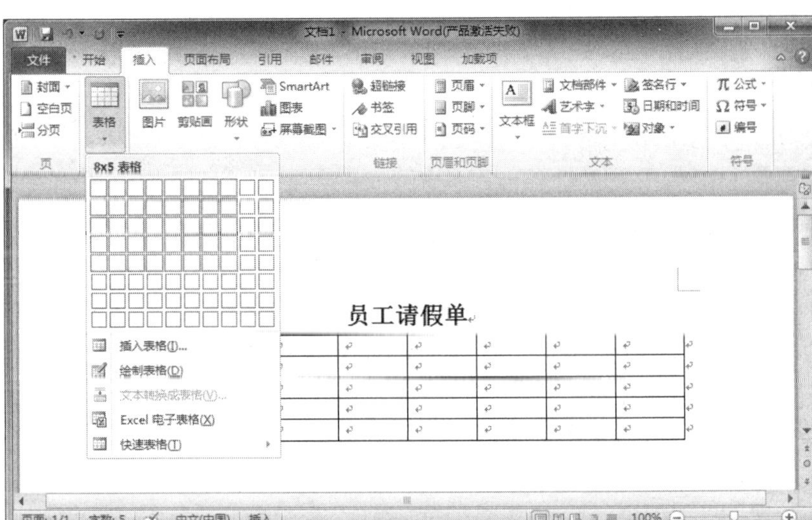

图 2-25　“表格”下拉列表

方法 1：在“表格”下拉列表的表格区域移动鼠标指针，该区域上方将显示表格的行数和列数，单击即可插入相应行数和列数的表格。使用该方法只能插入一个大小不超过 10×8（10 列 8 行）的表格。

方法 2：在“表格”下拉列表中选择“插入表格”命令，在打开的如图 2-26 所示的“插入表格”对话框中设置行数和列数，单击“确定”按钮。

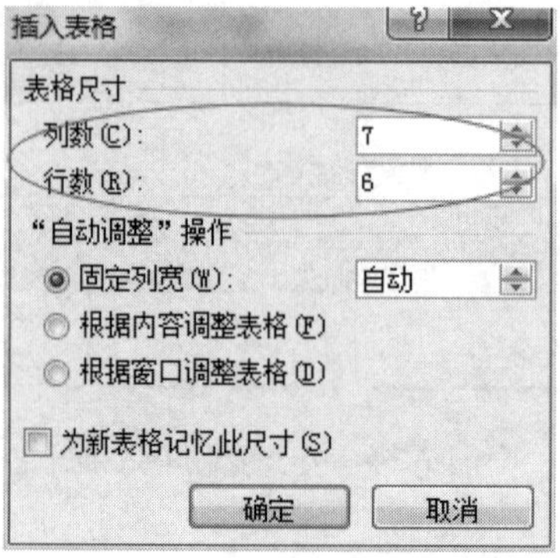

图 2-26 “插入表格”对话框

3. 调整表格的行高和列宽

插入表格后，Word 2010 可根据内容或窗口自动调整表格的行高和列宽，用户可根据具体情况进行精确调整或手动调整。

任务要求：设置所有行高为固定值 1.5 厘米，第 1、第 3、第 5 列的列宽为 2.5 厘米，其余各列均为 2 厘米。

操作步骤：

方法 1：选择要设置的行或列，在“表格工具—布局”选项卡的“单元格大小”选项组中设置行高和列宽的精确值。

方法 2：将光标定位在表格的任意单元格中，单击“表格工具—布局”选项卡“表”选项组中的“属性”按钮，打开“表格属性”对话框，在该对话框的“行”和“列”选项卡中设置行高和列宽的精确值，单击“确定”按钮。

4. 合并/拆分单元格

任务要求：合并/拆分单元格。

操作步骤：

方法 1：选中要合并的多个连续单元格，单击“表格工具—布局”选项卡“合并”选项组中的“合并单元格”按钮将单元格合并。选中要拆分的单元格，单击“表格工具—布局”选项卡“合并”选项组中的“拆分单元格”按钮将单元格拆分。

方法 2：选中要合并的多个连续单元格，在选中的单元格上单击鼠标右键，在弹出的快捷菜单中选择“合并单元格”命令将单元格合并。选中要拆分的单元格，在选中的单元格上单击鼠标右键，在弹出的快捷菜单中选择“拆分单元格”命令将单元格拆分。

5. 输入表格内容

1）输入普通文本

任务要求：输入表格内容。

操作步骤：将文本插入点定位到单元格中，然后切换输入法，直接输入文本即可。

2）输入特殊符号

任务要求：在表格中输入特殊符号。

操作步骤：

（1）单击“插入”选项卡“符号”选项组中的“符号”按钮，在打开的下拉列表中选择“其他符号”命令。

（2）在弹出的“符号”对话框中选择需要的特殊符号，单击“插入”按钮。

6．设置表格中文字的对齐方式

任务要求：设置表格中文字的对齐方式。

操作步骤：Word 2010 在文字水平和垂直方向提供了 9 种对齐方式。如果要修改单元格中文字的对齐方式，可在定位单元格后单击“表格工具—布局”选项卡“对齐方式”选项组中的“文字方向”按钮，在其左侧打开的列表中直接选择对应的对齐方式即可。

例如，使表格中的所有文字在水平方向上居中对齐，设置界面如图 2-27 所示。

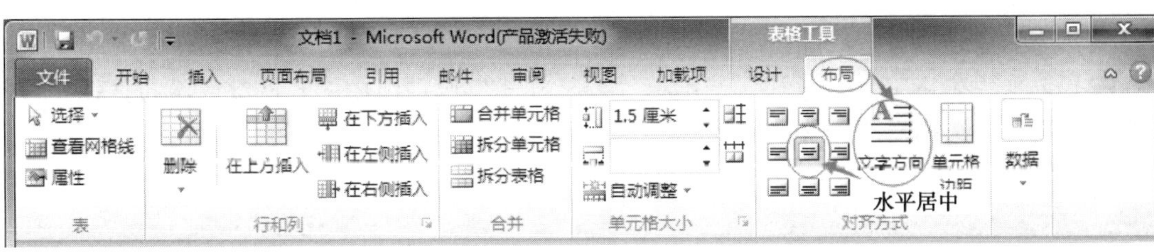

图 2-27　对齐方式

7．设置表格的边框效果

Word 2010 默认的表格的边框线是 0.5 磅、黑色的实线。在平时应用时，为了让表格具有个性化的外观，需要修改表格的边框线。

表格的边框线分为外边框线和内边框线。表格最外边的 4 条边框线是外边框线，里面的若干条长长短短的线条是内边框线。如果只说边框线，便指表格的所有线条（包括外边框线和内边框线）。

任务要求：设置表格中的外边框线为 2.25 磅、红色的实线。

操作步骤：

（1）选中整个表格。

（2）单击“表格工具—设计”选项卡“表格样式”选项组中的“边框”下拉按钮，在打开的下拉列表中选择“边框和底纹”命令。

（3）在弹出的如图 2-28 所示的“边框和底纹”对话框中，先单击“边框”选项卡中的“自定义”按钮，再按照箭头所示顺序设置表格边框线的线条属性，最后单击两下对话框右侧相应的按钮，取消原始的边框线样式，再让新的边框线样式生效。设置完成后，单击“确定”按钮。

8．设置表格的填充效果

表格中的有些单元格可以通过设置填充效果来达到更醒目的目的。

任务要求：填充表格的底纹。

操作步骤：

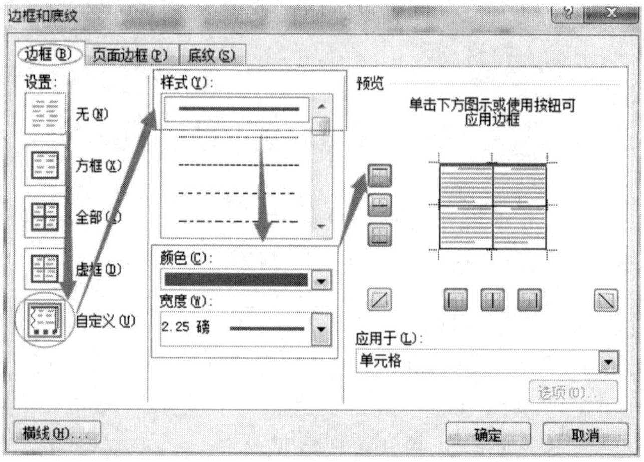

图 2-28　“边框和底纹”对话框

（1）选中需要设置背景的单元格。

（2）单击“表格工具—设计”选项卡“表格样式”选项组中的“底纹”下拉按钮，在打开的下拉列表中选择需要设置的颜色。

模块 3　电子表格处理软件 Excel 2010

任务 1　创建新生信息表

实训要求

独立完成新生信息表的创建，并且能够正确打印输出。

实训目的

1．熟练掌握工作表中不同类型数据的输入方法。
2．能利用填充柄快速填充数据。
3．能按要求对工作表和单元格进行格式设置。
4．能正确打印输出文件。

实训内容

1．输入基本数据

任务要求：参照图 3-1 制作数据表。

学生基本信息表				
报名序号	姓名	报名时间	班级	身份证号码
1	骆银银	2015年8月30日	0601	130302199611112222
2	韩晓兰	2015年8月30日	0601	130302199610103333
3	冯彩霞	2015年8月30日	0601	130302199708084444
4	朱艳	2015年8月30日	0601	130302199706078888
5	何蓓	2015年8月30日	0601	130302199607089999
6	宋颖	2015年8月31日	0601	130302199605051234
7	李玲	2015年8月31日	0601	130302199703031233
8	岑鸿艳	2015年8月31日	0601	130302199802021234
9	戴宁一	2015年8月31日	0601	130302199612032345
10	农尉华	2015年8月31日	0601	130302199610314567

新生入学计划	
时间	活动安排
2015年9月1日	队列训练
2015年9月8日	内务整理
2015年9月15日	中期检查
2015年9月22日	综合训练
2015年9月29日	阅兵式

图 3-1　新生信息表[①]

操作步骤：

（1）启动 Excel 2010，创建一个新的工作簿。

（2）在 Sheet1 工作表的 A1 单元格中输入“学生基本信息表”，在 H1 单元格中输入“新生入学计划”；从 A2 单元格开始输入各字段名，并准备在相应字段名下输入数据，输入前注意观察数据规律。

（3）“报名序号”列的数据为自然数序列，可以在 A3 单元格中输入起始数字 1，用鼠标左键拖动如图 3-2 所示的填充柄，至 A12 单元格松开鼠标，单元格内默认为复制值，同时可以看到一个“自动填充选项”按钮。单击该按钮，在打开的如图 3-3 所示的下拉列表中选中“填充序列”单选按钮即可得到递增自然数序列。如果选中“仅填充格式”单选按钮，则只填

① 表中身份证号为虚构。

充格式，不填充内容；如果选中“不带格式填充”单选按钮，则仅填充内容，不填充格式。

图 3-2　填充柄

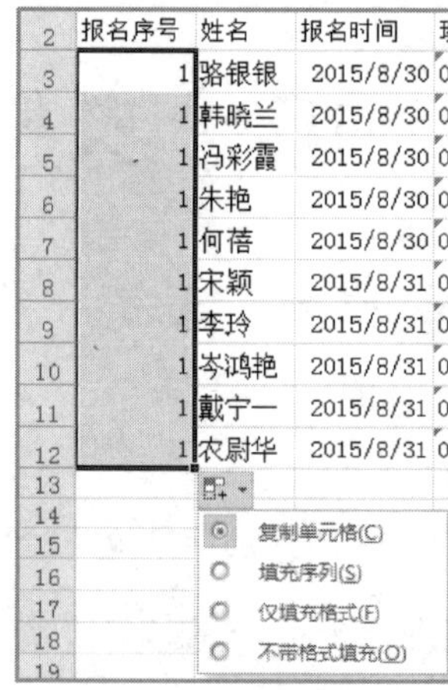

图 3-3　“自动填充选项”下拉列表

（4）“报名时间”和“时间”列中，数据的显示格式均为“×年×月×日”。对于日期型数据，不管最终以什么样式显示，只需按基本格式输入即可，如×-×-×或×/×/×。“报名时间”列的前 5 个数据相同，可以在 C3 单元格中输入 2015/8/30，用鼠标左键拖动填充柄，至 C7 单元格松开鼠标，单击“自动填充选项”按钮，在打开的下拉列表中单击“复制单元格”按钮即可；后 5 个数据采用类似操作。

（5）“时间”列中，数据的规律是每个日期间隔 7 天，如用鼠标左键拖动方式，最终打开的“自动填充选项”下拉列表如图 3-4 所示。若“以天数填充”，日期会以步长值 1 递增；若“以工作日填充”，日期也会以步长值 1 递增，但会把遇到周六和周日的日期自动跳过；若“以月填充”，月份会以步长值 1 递增；若“以年填充”，年份会以步长值 1 递增。当用鼠标左键拖动填充可以选择的任何选项都无法满足要求时，可以选择用鼠标右键拖动填充柄进行填充，弹出的快捷菜单如图 3-5 所示，选择“序列”命令，会弹出如图 3-6 所示的“序列”对话框，可设置数据变化的类型、步长值和终止值。通过在该对话框中进行设置，基本可以满足常见序列的填充，如等差序列、等比序列、日期型数据等。此处将“类型”选为“日期”，步长值设置为“7”即可。

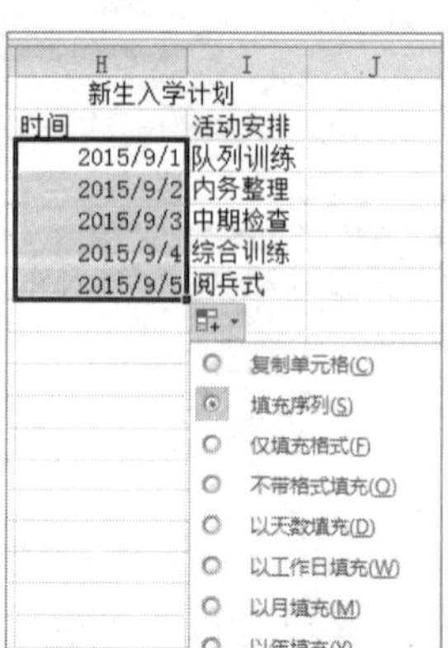

图 3-4　鼠标左键拖动填充选项

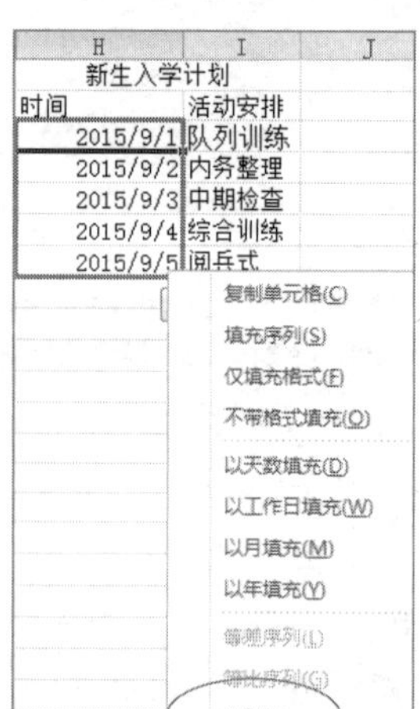

图 3-5　鼠标右键拖动填充选项

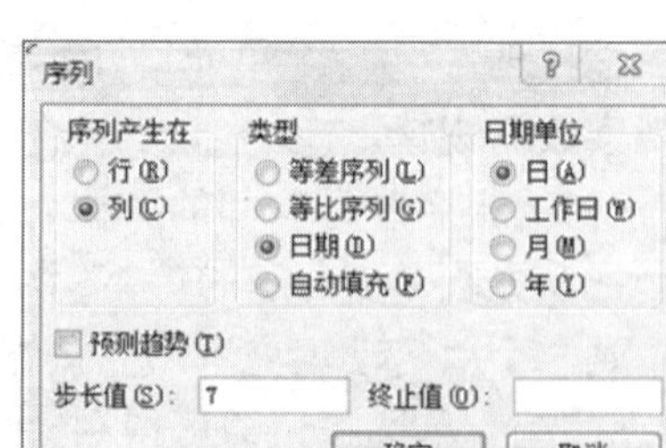

图 3-6　“序列”对话框

（6）“时间”列的数据填充完成后出现“#”，如图 3-7 所示，说明该列列宽不能完整显示数据内容。可以双击 H 列和 I 列列标签之间的分割线，调整为适合列宽；也可以选中 H 列，单击“开始”选项卡“单元格”选项组中的“格式”按钮，在打开的下拉列表中选择“自动调整列宽”命令，如图 3-8 所示。

图 3-7　单元格宽度不能完整显示数据内容

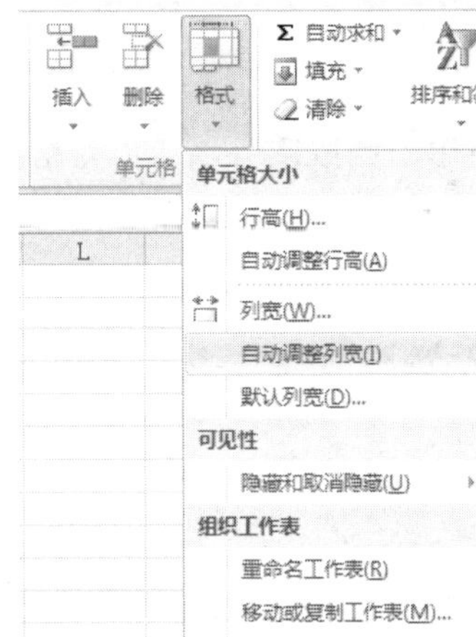

图 3-8　“自动调整列宽”命令

（7）“班级”列的数据均为 0601，当向单元格中输入 0601 时，单元格会根据所输入内容自动判断数据所属类别。输入数据时单元格会默认数据类型为常规数字，而数字是不会保留第一位的数字 0 的，因此仅显示 601。“身份证号码”列，18 位的数字也被默认处理为数字并且表示为科学计数法的形式，不能显示用户想要的样式。这样的数据还有很多，如邮政编号、各类证件号码等。上述数字其实已不具备数值意义，用户只是想让这些数据按照输入的顺序原样显示出来，因此解决这类问题的方法是，在输入数据前把单元格处理为文本格式的数据类型。具体步骤如下：在即将输入数据的单元格上单击鼠标右键，在弹出的快捷菜单中选择“设置单元格格式”命令，在弹出的“设置单元格格式”对话框中选择“数字”选项卡“分类”列表框中的“文本”选项，如图 3-9 所示，然后输入起始数据并拖动填充其他数据即可。

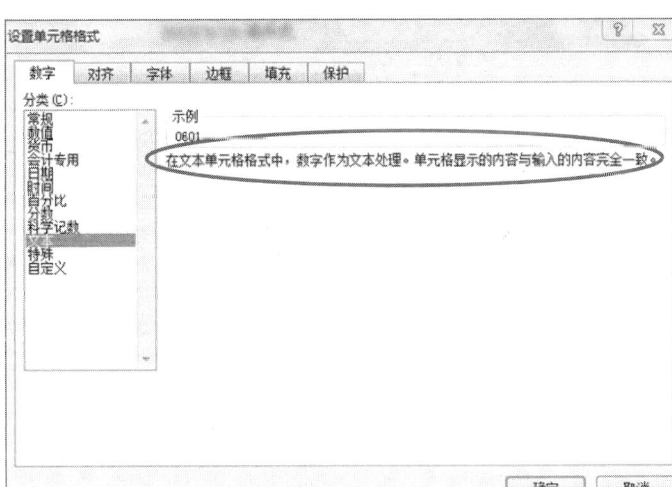

图 3-9　“设置单元格格式”对话框

2. 编辑工作表

1）合并单元格并设置行高和列宽

（1）合并单元格并居中显示内容。

任务要求：合并 A1:E1 单元格并居中显示内容。

操作步骤：选中 A1:E1 单元格区域，单击“开始”选项卡“对齐方式”选项组中的“合并后居中”按钮，可以一步实现合并单元格并居中显示内容的效果。对于合并后的单元格，再单击此按钮可以让单元格恢复合并前的状态。也可单击“合并后居中”下拉按钮，在打开的下拉列表中根据需要选择合适的命令，如图 3-10 所示。

图 3-10　“合并后居中”下拉列表

（2）设置行高和列宽。

任务要求：将表格第 1 行的行高设置为 22 磅，将第 2～12 行的行高设置为 19 磅，将列宽设置为“自动调整列宽”。

操作步骤：

（1）在第 1 行行标签上单击鼠标右键，在弹出的快捷菜单中选择“行高”命令，在弹出的“行高”对话框中输入 22，如图 3-11 所示；拖动选中第 2～12 行，用同样的方法设置其行高值为 19。

（2）拖动选中第 A～I 列，按照前述方法设置为“自动调整列宽”，完成后效果如图 3-12 所示。

图 3-11　“行高”对话框

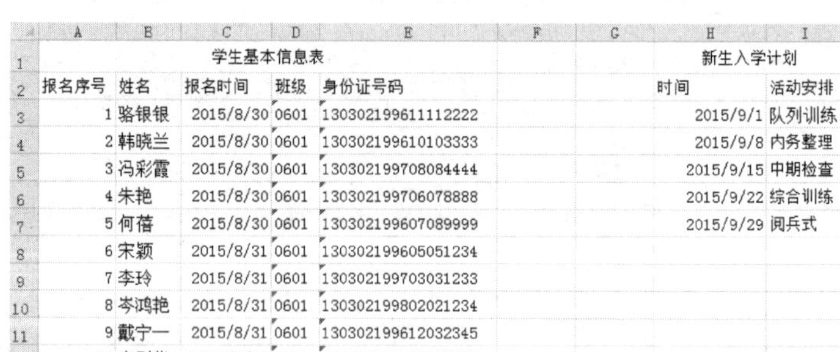

	A	B	C	D	E	F	G	H	I
1	学生基本信息表							新生入学计划	
2	报名序号	姓名	报名时间	班级	身份证号码			时间	活动安排
3	1	骆银银	2015/8/30	0601	130302199611112222			2015/9/1	队列训练
4	2	韩晓兰	2015/8/30	0601	130302199610103333			2015/9/8	内务整理
5	3	冯彩霞	2015/8/30	0601	130302199708084444			2015/9/15	中期检查
6	4	朱艳	2015/8/30	0601	130302199706078888			2015/9/22	综合训练
7	5	何蓓	2015/8/30	0601	130302199607089999			2015/9/29	阅兵式
8	6	宋颖	2015/8/31	0601	130302199605051234				
9	7	李玲	2015/8/31	0601	130302199703031233				
10	8	岑鸿艳	2015/8/31	0601	130302199802021234				
11	9	戴宁一	2015/8/31	0601	130302199612032345				
12	10	农尉华	2015/8/31	0601	130302199610314567				

图 3-12　调整行高和列宽后的效果

2）设置单元格内所有日期的格式为“×年×月×日”

任务要求：将日期设置为“×年×月×日”格式。

操作步骤：

（1）选中所有包含日期型数据的单元格（按住 Ctrl 键的同时单击鼠标，选择不连续单元格），在其上单击鼠标右键，在弹出的快捷菜单中选择“设置单元格格式”命令。

（2）在打开的“设置单元格格式”对话框中选择“数字”选项卡，在“日期”数据类型右侧选择更详细的日期格式，如图 3-13 所示（单击“开始”选项卡“单元格”选项组中的“格式”按钮，在打开的下拉列表中选择“设置单元格格式”命令也可以打开“设置单元格格式”对话框）。

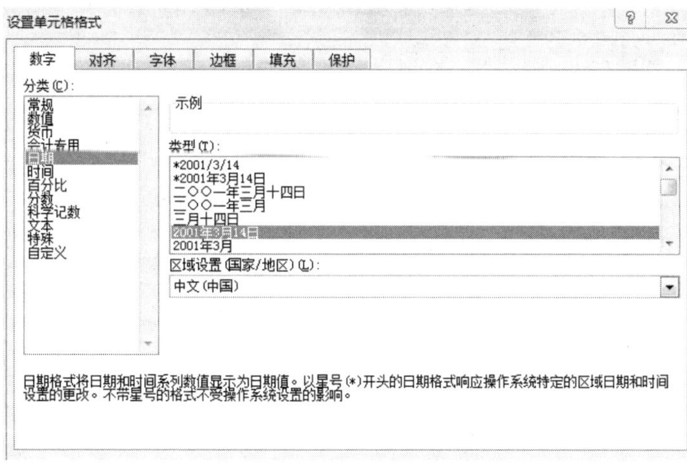

图 3-13　“数字”选项卡

3）设置单元格内数据的对齐方式为水平居中和垂直居中

任务要求：将单元格内数据的对齐方式设置为水平居中和垂直居中。

操作步骤：

（1）同时选中 A1:E12 和 H1:I7 单元格区域，在其上单击鼠标右键，在弹出的快捷菜单中选择“设置单元格格式”命令。

（2）在打开的“设置单元格格式”对话框中选择“对齐”选项卡，设置水平居中和垂直居中，如图 3-14 所示。

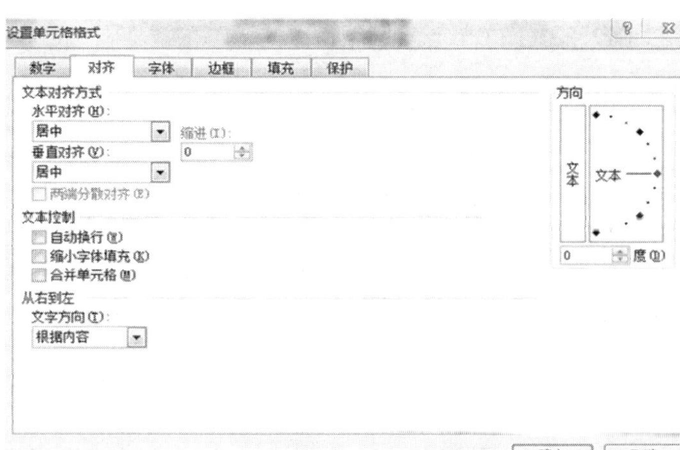

图 3-14　“对齐”选项卡

注意：该选项卡中的“文本控制”选项可以设置单元格内文字的自动换行、缩小填充、多个单元格的合并等效果。

4）设置单元格内文字的格式

任务要求：设置单元格中的文字格式。

操作步骤：

（1）在 Excel 2010 中设置单元格内文字的格式无须选中文字，只需要选中相应的单元格即可。选中第 1 行并在其上单击鼠标右键，在弹出的快捷菜单中选择“设置单元格格式”命令，弹出“设置单元格格式”对话框，选择“字体”选项卡，设置为宋体，16 号，加粗，如图 3-15 所示。

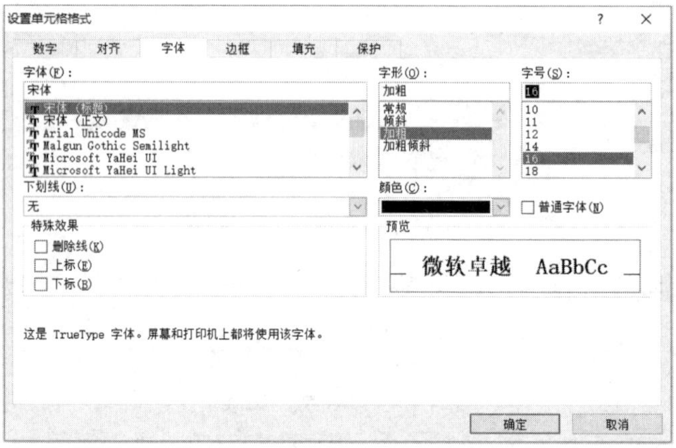

图 3-15 “字体”选项卡

（2）选中第 2～12 行并在其上单击鼠标右键，在弹出的快捷菜单中选择“设置单元格格式”命令，弹出“设置单元格格式”对话框，选择“字体”选项卡，设置为宋体，14 号。

注意：文字格式的设置也可以在“开始”选项卡的“字体”选项组中完成。

5）设置单元格的边框

任务要求：设置单元格的边框。

操作步骤：

（1）同时选中 A1:E12 和 H1:I7 单元格区域，在其上单击鼠标右键，在弹出的快捷菜单中选择“设置单元格格式”命令。

（2）在弹出的“设置单元格格式”对话框中选择“边框”选项卡，如图 3-16 所示，选择第 1 列第 7 行的样式作为内边框样式，选择第 2 列第 5 行的样式作为外边框样式。

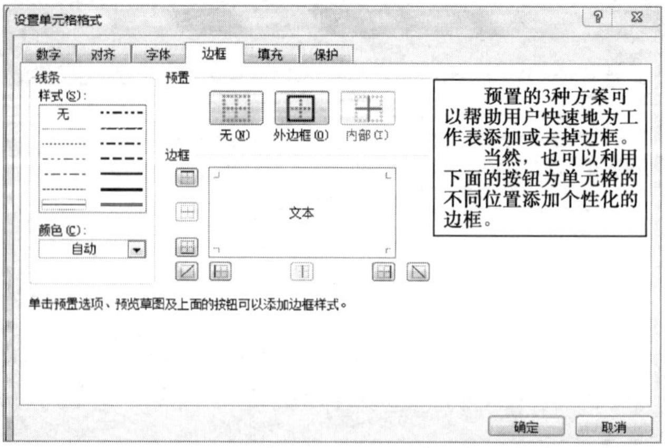

图 3-16 “边框”选项卡

注意：在 Excel 2010 中，用于编辑数据的单元格边框在打印时是无法自动显示的，所以如果想将工作表清晰地打印出来，添加边框的操作是必不可少的。

6）设置单元格的填充效果

任务要求：为单元格填充背景色。

操作步骤：

（1）在 A1 单元格上单击鼠标右键，在弹出的快捷菜单中选择“设置单元格格式”命令。

（2）在打开的“设置单元格格式”对话框中选择“填充”选项卡，如图 3-17 所示，选择背景色中的“橙色”（可借助右侧的“图案颜色”下拉列表确定色块名称）。

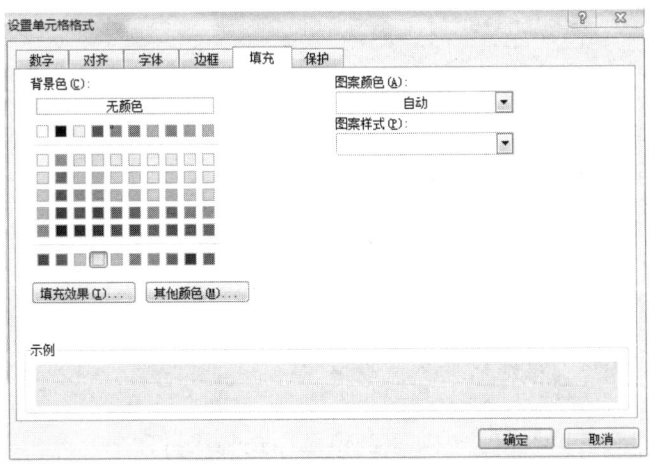

图 3-17　“填充”选项卡

（3）选中 A2:E12 单元格区域，用同样的方法填充背景色中的“黄色”。

（4）可以快速对工作表进行美化，比如选中 H2:I7 单元格区域，单击“开始”选项卡“样式”选项组中的“套用表格格式”按钮，在打开的下拉列表中选择“中等深浅 7”命令；也可以单击“开始”选项卡“样式”选项组中的单元格样式快速对单元格进行美化。

3．为工作表命名及保存文件

任务要求：为工作表命名，并保存在 D 盘中。

操作步骤：

（1）双击工作表标签或在工作表标签上单击鼠标右键，将工作表命名为“0601 新生信息表”，效果如图 3-18 所示。

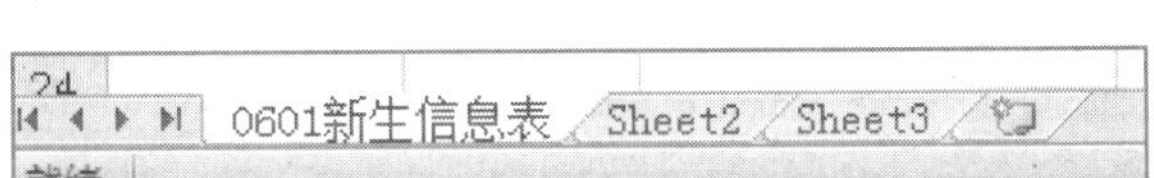

图 3-18　为工作表命名

（2）单击“文件”菜单按钮，在弹出的菜单中选择“保存”命令，在弹出的“另存为”对话框中设置文件名为“新生信息表.xlsx”，保存位置为 D 盘，如图 3-19 所示。

注意：一个 Excel 2010 文件是一个工作簿，其中包含很多个工作表，在任何一个工作表编辑状态下的保存操作都对工作簿中所有的工作表有效。

图 3-19　“另存为”对话框

4. 进行打印设置及页面布局

任务要求：进行文档的打印设置及页面布局。

操作步骤：

（1）单击“文件”菜单按钮，在弹出的菜单中选择“打印”命令，即可在页面右侧对打印内容进行预览，在页面左侧可以对打印内容进行具体设置，如图 3-20 所示。

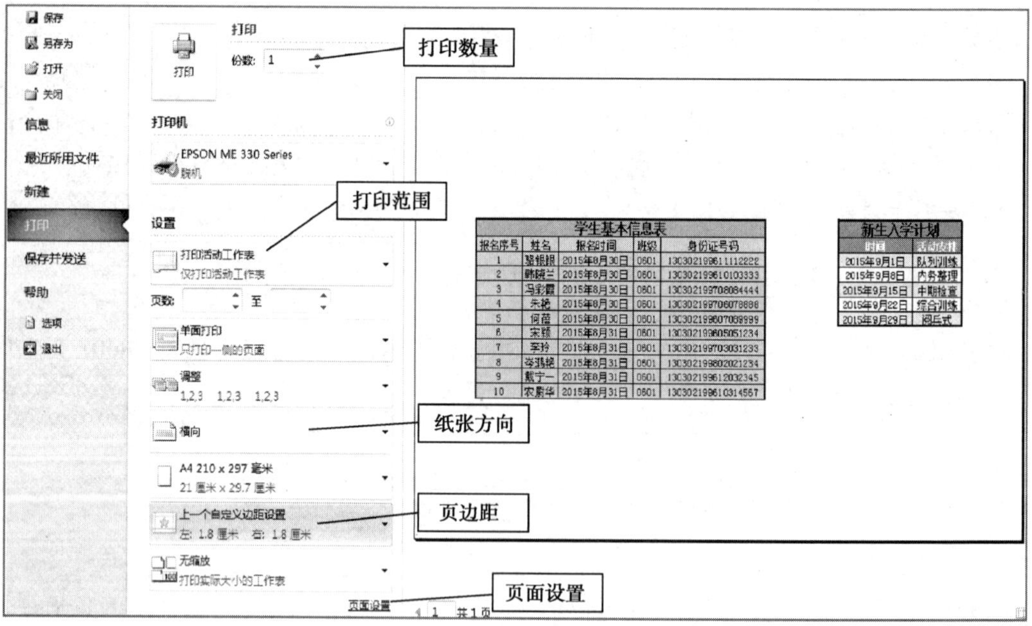

图 3-20　设置打印效果

（2）因为需要把新生信息表的两部分数据显示在同一个页面内，所以设置纸张方向为“横向”；若希望打印内容在页面内水平方向和垂直方向都居中显示，可单击页面底端的“页面设置”按钮，在打开的“页面设置”对话框中选择“页边距”选项卡，选择“水平”和“垂直”

都居中，如图 3-21 所示。

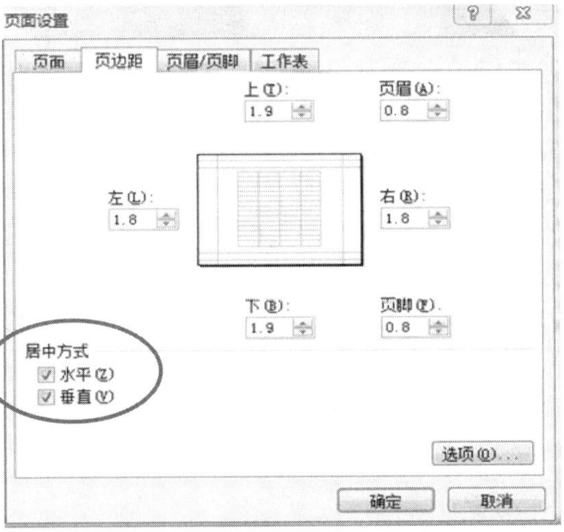

图 3-21 “页面设置”对话框

注意：借助“页面设置”对话框中的“工作表”选项卡可以进一步详细设置打印的范围，还可以设置打印工作表中的网格线。

（3）最终打印效果如图 3-22 所示。

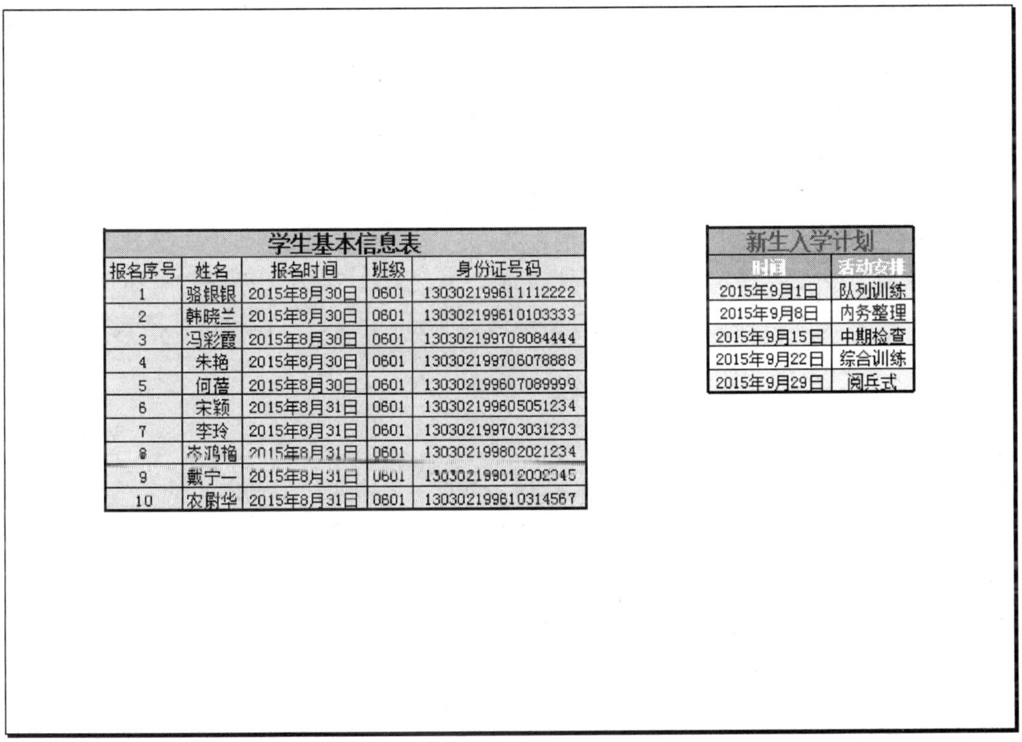

学生基本信息表				
报名序号	姓名	报名时间	班级	身份证号码
1	骆银银	2015年8月30日	0601	130302199611112222
2	韩晓兰	2015年8月30日	0601	130302199610103333
3	冯彩霞	2015年8月30日	0601	130302199708084444
4	朱艳	2015年8月30日	0601	130302199706078888
5	何蓓	2015年8月30日	0601	130302199607089999
6	宋颖	2015年8月31日	0601	130302199605051234
7	李玲	2015年8月31日	0601	130302199703031233
8	李鸿梅	2015年8月31日	0601	130302199802021234
9	戴宁一	2015年8月31日	0601	130302199012002345
10	农尉华	2015年8月31日	0601	130302199610314567

新生入学计划	
时间	活动安排
2015年9月1日	队列训练
2015年9月8日	内务整理
2015年9月15日	中期检查
2015年9月22日	综合训练
2015年9月29日	阅兵式

图 3-22 打印效果

任务 2　基本数据计算

实训要求

能准确利用公式或函数对数据进行计算。

实训目的

1．掌握公式和函数的区别。
2．熟悉常用函数的功能和使用方法。
3．能根据应用场合，灵活利用公式和函数完成指定任务。

实训内容

1．学生成绩表的基本数据计算

1）复制 Word 2010 文档中的数据

任务要求：新建一个 Excel 2010 工作簿，将 Excel 2010 素材库中“成绩单.docx”文件中的数据复制到 Sheet1 工作表 A1 单元格的开始处，并将 Sheet1 重命名为“期末成绩”，将 Sheet2 重命名为“成绩统计”。

操作步骤：

（1）选择“开始”→“所有程序”→“Microsoft Office”→“Microsoft Excel 2010”命令，启动 Excel 2010，新建 Excel 文件。

（2）打开“成绩单.docx”文件，选中整张表格并在其上单击鼠标右键，在弹出的快捷菜单中选择“复制”命令。

（3）在 Sheet1 工作表中的 A1 单元格上单击鼠标右键，在弹出的快捷菜单中，“粘贴选项”有两个：“保留源格式”会把原始表格中的数据和格式一并粘贴过来，“匹配目标格式”会把数据粘贴过来并自动和当前工作表格式保持一致。因 Excel 2010 在粘贴时有所见即所得的预览功能，因此用户可根据预览效果选择“粘贴选项”，这里选择“匹配目标格式”命令。

2）调整工作表结构

任务要求：调整工作表结构。

操作步骤：

（1）在“期末成绩”工作表左端插入一列，并在 A1 单元格中输入“学号”；在“英语”字段后增加“平均成绩”“总成绩”“奖学金情况（元）”“排名”4 个字段；在 B35、B36 单元格中分别输入“各科最高分”“各科最低分”，如图 3-23 所示。

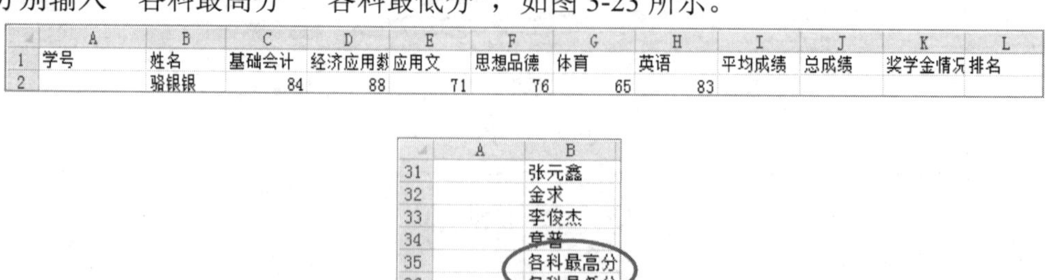

图 3-23　“期末成绩”工作表字段

（2）在“成绩统计”工作表的 A1:D1 单元格中分别输入“考试人数”“优秀”“及格”“不及格”，如图 3-24 所示。

	A	B	C	D
1	考试人数	优秀	及格	不及格
2				

图 3-24　“成绩统计”工作表字段

3）填充序列

任务要求：填充“学号”列，学号为 0403041101～0403041133。

操作步骤：

（1）学号是以 0 开头的数字序列，为了保证该数字序列能够完整显示出来，可以先把单元格设置为文本数据类型。选中 A2:A34 单元格区域并在其上单击鼠标右键，在弹出的快捷菜单中选择“设置单元格格式”命令，在打开的“设置单元格格式”对话框中选择“数字”选项卡，将数据设置为“文本”类型。

（2）在 A2 单元格中输入 0403041101，拖动填充柄进行填充。

4）计算平均成绩

任务要求：计算并填充“平均成绩”列，将结果设置为数值型，保留一位小数，负数形式为第 4 种。

操作步骤：

在没有明确要求是利用公式还是利用函数进行计算的情况下，利用两种方法之一即可，二者都可以得到正确的计算结果。

方法 1：利用求平均值函数 AVERAGE()。

①将光标定位在 I2 单元格，单击编辑栏左侧的“插入函数”按钮，如图 3-25 所示。

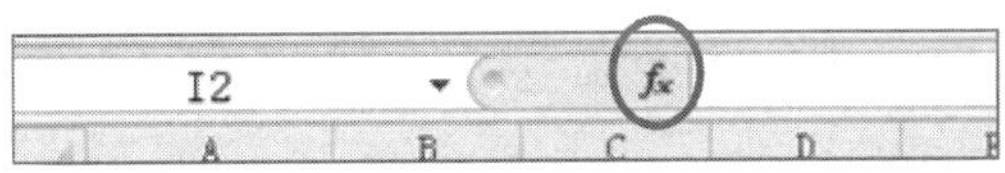

图 3-25　“插入函数”按钮

②弹出“插入函数”对话框，如图 3-26 所示，选择“常用函数”类别后，可以在下方的“选择函数”列表框中看到近期使用过的一些函数，选择 AVERAGE，单击“确定”按钮。

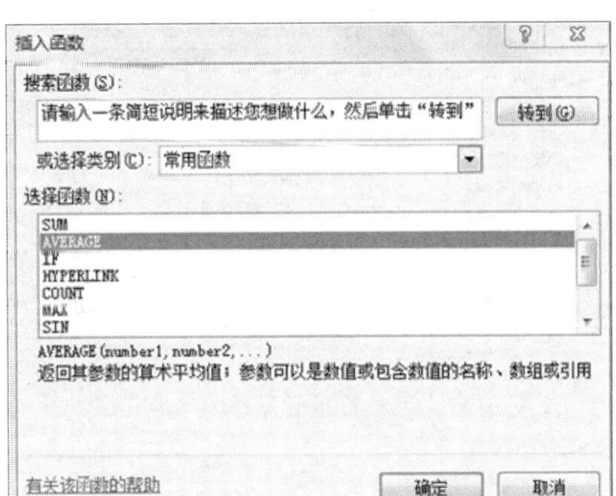

图 3-26　“插入函数”对话框

注意：如果不知道所用函数属于哪一类别，可以选择“全部”类别，便可在下方的“选择函数”列表框中看到首字母按 A～Z 顺序排列的所有函数；或者在“搜索函数”文本框中输入函数名称，然后单击“转到”按钮。

③打开“函数参数—AVERAGE”对话框，如图 3-27 所示。参数 Number1 是指参与计算的单元格区域，此处为 C2:H2，可用鼠标拖动选取。单击“确定”按钮，即可得到第 1 个学生的平均成绩，然后可向下拖动填充柄，填充其他学生的平均成绩。

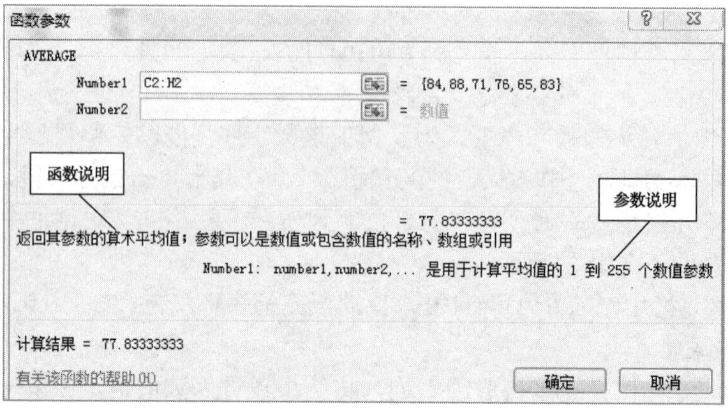

图 3-27　“函数参数—AVERAGE”对话框

注意：如果参与计算的单元格是连续区域，如本任务，则不需要设置参数 Number2；如果参与计算的单元格区域不连续，比如要计算骆银银和朱艳两个学生的平均成绩，则需继续设置参数 Number2 为朱艳的成绩区间，最多可以设置 255 个计算区间。

方法 2：利用公式计算平均成绩。

①将光标定位在 I2 单元格，必须手动输入=，然后用鼠标选取参与计算的单元格，手动输入运算符号，得到公式=(C2+D2+E2+F2+G2+H2)/6，按 Enter 键即可得到计算结果，然后拖动填充柄填充其他学生的计算结果。

②选中 I2:I34 单元格区域并在其上单击鼠标右键，在弹出的快捷菜单中选择“设置单元格格式”命令。在弹出的“设置单元格格式”对话框中选择“数字”选项卡，将数据设置为“数值”类型，小数位数为 1 位，负数形式为第 4 种，如图 3-28 所示。

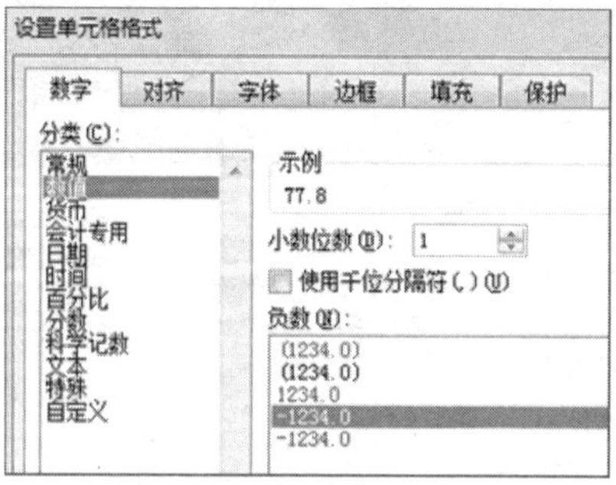

图 3-28　“设置单元格格式”对话框

5）计算总成绩

任务要求：计算并填充“总成绩”列。

操作步骤：

方法 1：利用求和函数 SUM()。将光标定位在 J2 单元格，基本操作、参数说明类似于 AVERAGE()函数，参数设置如图 3-29 所示。单击“确定”按钮，得到第 1 个学生的计算结果后，拖动填充柄填充其他学生的计算结果。

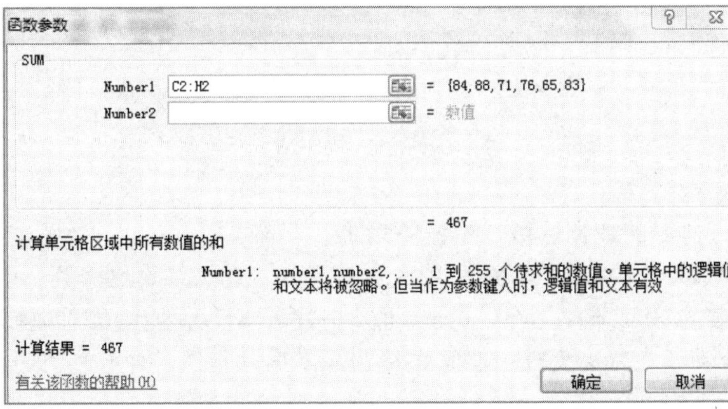

图 3-29 “函数参数—SUM”对话框

方法 2：利用公式求和。将光标定位在 J2 单元格，手动输入=，然后用鼠标选取参与计算的单元格，手动输入运算符号，得到公式=C2+D2+E2+F2+G2+H2，按 Enter 键即可得到第 1 个学生的计算结果，然后拖动填充柄填充其他学生的计算结果。

6）计算奖学金情况

任务要求：总成绩大于或等于 500，奖学金为 300 元，其他显示为空白。

注意：当结果会因满足不同的条件而出现两种或两种以上可能时，多数会用到逻辑函数 IF()。

操作步骤：将光标定位在 K2 单元格，插入常用函数 IF()，参数设置如图 3-30 所示。

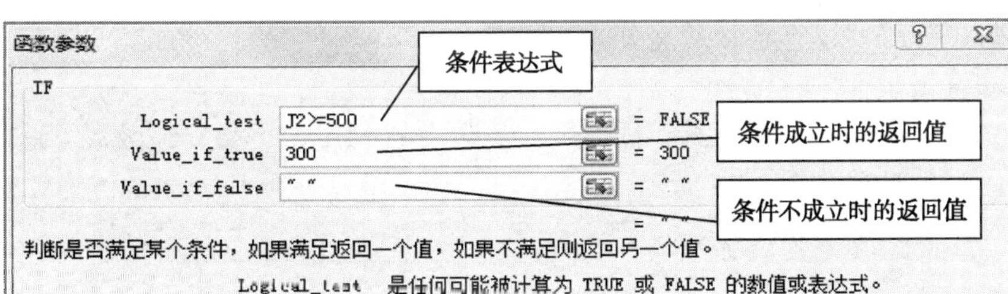

图 3-30 “函数参数—IF”对话框

参数说明：

Logical_test：逻辑测试条件。

Value_if true：条件如果为真（成立），运算结果为该参数显示内容。

Value_if_false：条件如果为假（不成立），运算结果为该参数显示内容。

注意：在总成绩大于或等于 500 不成立的情况下，显示为空白即用空格表示，因空格也是字符，所以前后会加英文状态的双引号。字符型数据在参数中出现必须用英文状态的双引号进行限定。

7）计算排名

任务要求：计算排名。

操作步骤：

（1）将光标定位在 L2 单元格，插入统计函数 RANK()。该函数可以返回数值在一列数值中相对于其他数值的大小排名，参数设置如图 3-31 所示。

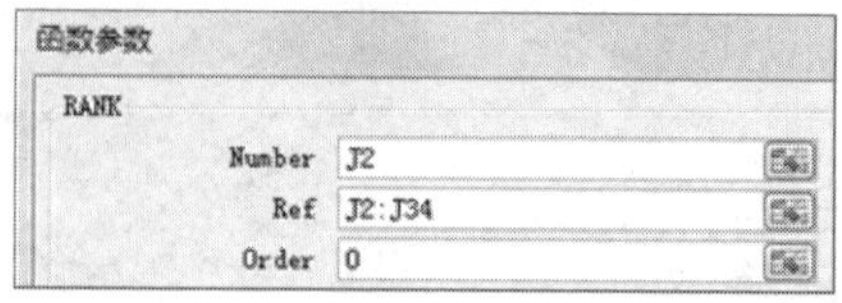

图 3-31　“函数参数—RANK”对话框 1

参数说明：

Number：进行排名的数据区域，本任务为 J2。

Ref：对一组数或一个数据列表的引用，本任务为“总成绩”这一列，即 J2:J34。

Order：指定排序，0 或省略为降序，非 0 值为升序。本任务为 0，即总成绩最高的是第一名。

注意：进行拖动填充时会发现一些总成绩明显不同的记录，却有相同的排名，原因在于：用鼠标选取参与计算的单元格属于相对引用，所以向下拖动填充时被引用的单元格就会向下移动，向右拖动填充时被引用的单元格就会向右移动。这里第 2 个参数数据列表的范围应该固定不动，所以要把 J2:J34 处理为绝对引用。

（2）选中 J2:J34 单元格区域，按 F4 键进行修改。改后的参数如图 3-32 所示。

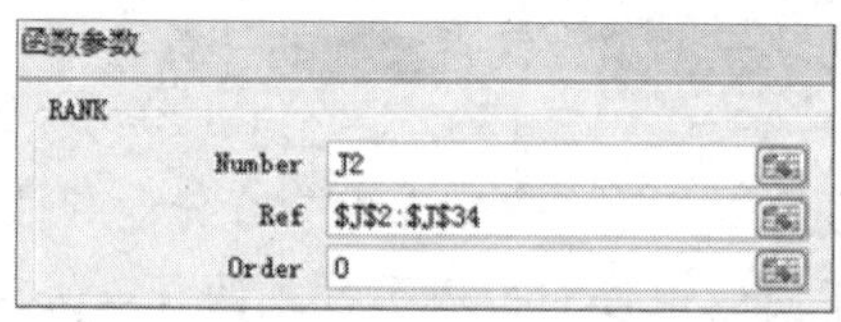

图 3-32　“函数参数—RANK”对话框 2

8）统计各科最高分

任务要求：计算并填充各科最高分。

操作步骤：

（1）将光标定位在 C35 单元格，插入统计函数中的 MAX()函数。该函数可返回一组数值中的最大值，参数设置如图 3-33 所示。

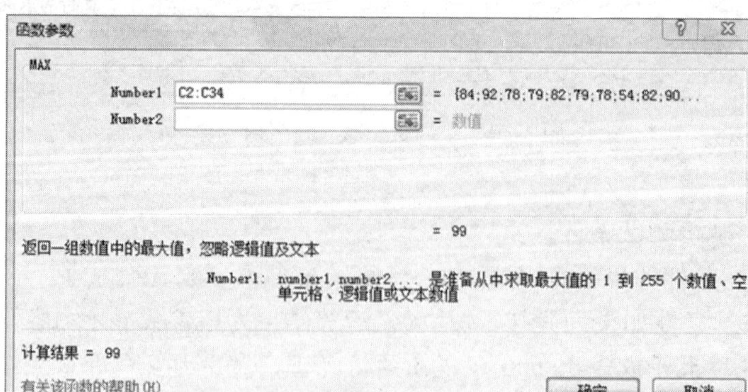

图 3-33　“函数参数—MAX”对话框

注意：如果统计区间连续，指定参数 Number1 即可；如果统计区间不连续，可以继续设定参数 Number2，最多可以设置 255 个不连续的统计区间。

（2）单击“确定”按钮后，拖动填充柄，向右填充至 H35 单元格。

9）统计各科最低分

任务要求：计算并填充各科最低分。

操作步骤：将光标定位在 C36 单元格，插入统计函数中的 MIN()函数，操作方法同 MAX()函数。

10）统计考试人数

任务要求：统计考试人数。根据“期末成绩”工作表“总成绩”列数据，在“成绩统计”工作表的 A2 单元格中统计考试人数。

操作步骤：

（1）将光标定位在“成绩统计”工作表的 A2 单元格中，插入统计函数中的 COUNT()函数。该函数可以计算单元格区域中包含数字的单元格的个数，参数设置如图 3-34 所示。

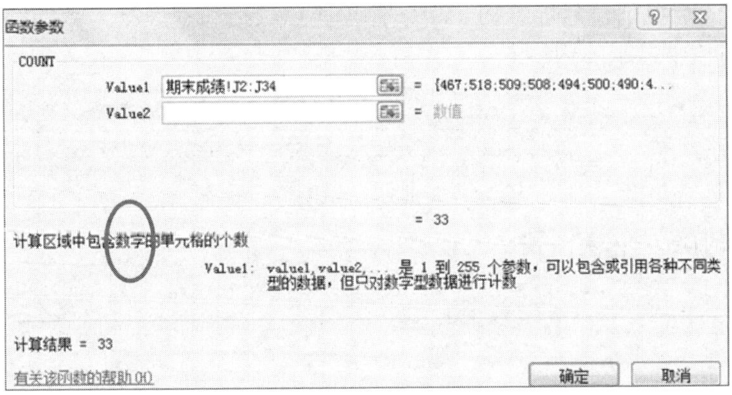

图 3-34　“函数参数—COUNT”对话框

（2）将光标定位在参数 Value1 后，选取参与计数的单元格区域：单击“期末成绩”工作表标签，选取“总成绩”列数据，单击“确定”按钮即可。

注意：COUNT()函数只能计算出所选取的单元格区域内数字型数据的个数，其他数据类型不参与计数。如果计数区间不连续，则可继续设置参数 Value2，最多可以设置 255 个计数区间。

11）统计优秀、及格和不及格人数

任务要求：统计考试中总成绩优秀、及格和不及格的人数。根据“期末成绩”工作表中的总成绩，分别在“成绩统计”工作表的 B2、C2、D2 单元格中统计优秀、及格和不及格人数。条件：总成绩大于或等于 510 为优秀，420～509 为及格，小于 420 为不及格。

操作步骤：

（1）将光标定位在“成绩统计”工作表的 B2 单元格中，插入统计函数中的 COUNTIF()函数。该函数可以计算单元格区域中满足给定条件的单元格的个数，参数设置如图 3-35 所示。

参数说明：

Range：给定参与计数的单元格区域。本任务要求根据总成绩判断等级，所以选取“期末成绩”工作表的“总成绩”列数据，即 J2:J34 单元格区域（处理为绝对引用，为后面填充做准备）。

Criteria：给出具体条件。本任务设定总成绩大于或等于 510 为优秀，所以给定参数“>=510”。

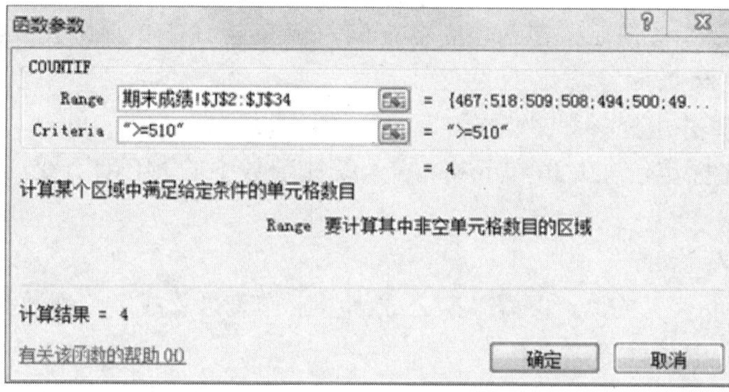

图 3-35　“函数参数—COUNTIF”对话框

（2）及格和不及格人数的统计方法类似于优秀人数的统计方法。因为 COUNTIF()函数在不套用其他函数的情况下，只能给出一个条件，所以及格和不及格人数的统计方法可以参照图 3-36 所示编辑栏中显示的内容。

图 3-36　编辑栏

（3）“成绩统计”工作表中相关内容的统计结果如图 3-37 所示。

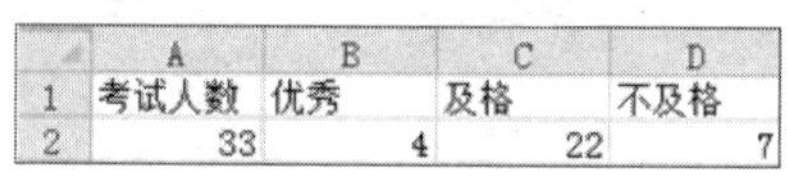

	A	B	C	D
1	考试人数	优秀	及格	不及格
2	33	4	22	7

图 3-37　统计结果

12）判断每个学生的成绩等级

任务要求：在“期末成绩”工作表中增加一列，字段名称为“成绩等级”。根据每个学生的总成绩判断相应的成绩等级：总成绩大于或等于 510 为优秀，420～509 为及格，小于 420 为不及格。

操作步骤：

（1）该成绩等级有 3 种可能，所以简单使用 IF()函数已无法满足要求，3 个及更多个分支的情况需要用到 IF()函数的嵌套。将光标定位在 M2 单元格，插入常用函数 IF()，参数设置如图 3-38 所示。

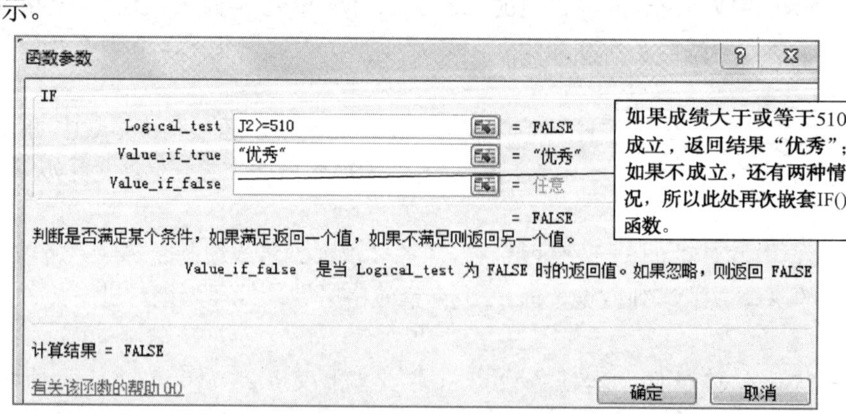

图 3-38　IF()函数第 1 层参数

（2）将光标定位在“函数参数—IF”对话框的 Value_if_false 文本框内，再单击公式编辑区左侧名称栏处的 IF 按钮，弹出嵌套对话框，在此进行设置。嵌套的 IF()函数参数设置如图 3-39 所示（自动满足成绩<510）。

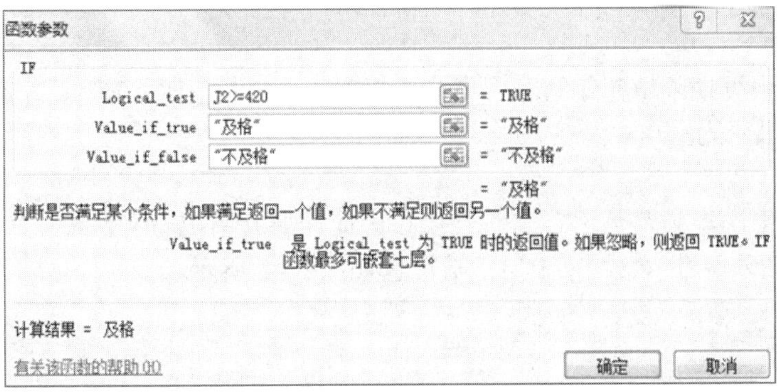

图 3-39　IF()函数第 2 层参数

（3）单击“确定”按钮后得到结果，拖动填充柄，填充下面的成绩等级。编辑栏显示内容如图 3-40 所示。当然，还可以根据“成绩等级”列数据，对“成绩统计”工作表中的各等级人数进行统计。读者可自行尝试，此处不再详述。

图 3-40　编辑栏（嵌套后）

（4）适当调整列宽，保存文件，名称为“学生成绩.xlsx”，保存位置为 D 盘。“期末成绩”工作表的最后计算结果如图 3-41 所示。

	A	B	C	D	E	F	G	H	I	J	K	L	M
1	学号	姓名	基础会计	经济应用数学	应用文	思想品德	体育	英语	平均成绩	总成绩	奖学金情况(元)	排名	成绩等级
2	0403041101	骆银银	84	88	71	76	65	83	77.8	467		18	及格
3	0403041102	韩晓兰	92	92	82	85	81	86	86.3	518	300	3	优秀
4	0403041103	冯彩霞	78	98	80	93	81	79	84.8	509	300	5	及格
5	0403041104	朱艳	79	90	80	91	80	88	84.7	508	300	6	及格
6	0403041105	何蓓	82	92	87	89	72	72	82.3	494		11	及格
7	0403041106	宋颖	79	95	75	86	75	90	83.3	500	300	9	及格
8	0403041107	李玲	78	98	76	89	75	74	81.7	490		14	及格
9	0403041108	李鸿艳	54	85	81	94	85	67	77.7	466		20	及格
10	0403041109	戴宁一	82	100	82	90	80	90	87.3	524	300	1	优秀
11	0403041110	农尉华	90	98	74	83	85	77	84.5	507	300	7	及格
12	0403041111	边园园	99	88	60	80	76	76	79.8	479		16	及格
13	0403041112	杨蕾	68	85	81	89	66	72	76.8	461		22	及格
14	0403041113	郑显星	90	90	80	85	78	77	83.3	500	300	9	及格
15	0403041114	蒋希珍	82	82	77	86	80	84	81.8	491		13	及格
16	0403041115	郭辉	82	80	65	77	75	73	75.3	452		23	及格
17	0403041116	邱勇	46	87	60	72	73	77	69.2	415		27	不及格
18	0403041117	王庆	60	87	88	86	76	75	78.7	472		17	及格
19	0403041118	邓铜	63	80	65	71	30	74	63.0	383		30	不及格
20	0403041119	周鹏	46	80	61	73	15	77	58.7	352		32	不及格
21	0403041120	王帅	47	86	77	75	30	72	64.5	387		29	不及格
22	0403041121	李天毅	82	92	64	88	85	74	80.8	485		15	及格
23	0403041122	卢训辉	93	88	75	95	60	90	83.5	501	300	8	及格
24	0403041123	卢江流	81	95	70	86	85	75	82.0	492		12	及格
25	0403041124	韦智文	64	65	61	88	65	71	69.0	414		28	不及格
26	0403041125	王金涛	91	100	72	91	80	85	86.5	519	300	2	优秀
27	0403041126	贾楸烽	74	90	70	86	75	72	77.8	467		18	及格
28	0403041127	孟伟杰	65	88	74	86	71	79	77.2	463		21	及格
29	0403041128	陈晋	41	75	71	94	73	77	71.8	431		26	及格
30	0403041129	冯雄超	24	68	0	83	20	66	43.5	261		33	不及格
31	0403041130	张元鑫	56	77	74	83	70	72	72.0	432		25	及格
32	0403041131	金求	83	98	80	93	75	84	85.5	513	300	4	优秀
33	0403041132	李俊杰	23	82	60	75	45	79	60.7	364		31	不及格
34	0403041133	章普	57	90	77	86	67	74	75.2	451		24	及格
35		各科最高分	99	100	88	95	85	90					
36		各科最低分	23	65	0	71	15	66					
37													

期末成绩　成绩统计　Sheet3

图 3-41　“期末成绩”工作表的最后计算结果

2．贷款表数据处理

打开 Excel 2010 素材库中的文件“贷款表.xlsx”。

打开“贷款”工作表进行如下操作。

1）填充年利率

任务要求：根据期限填充年利率，年利率填充标准：1 年期 6.15%；3 年期 6.40%；5 年期 6.55%。其余显示为空白。

操作步骤：

（1）本任务中的年利率数据有 4 种情况，因此需要利用 IF()函数嵌套 3 层。将光标定位在 C2 单元格，插入函数 IF()，第 1 层参数设置如图 3-42 所示。

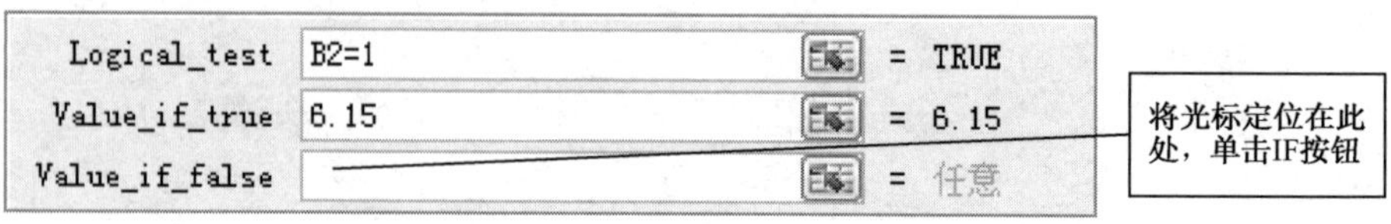

图 3-42　IF()函数第 1 层参数

（2）第 2 层参数设置如图 3-43 所示。

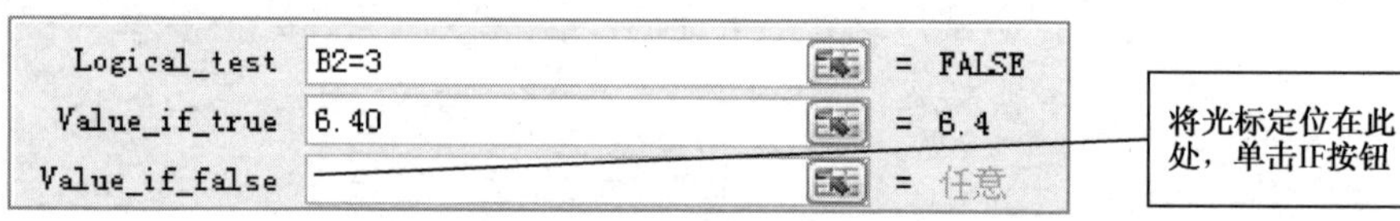

图 3-43　IF()函数第 2 层参数

（3）第 3 层参数设置如图 3-44 所示。

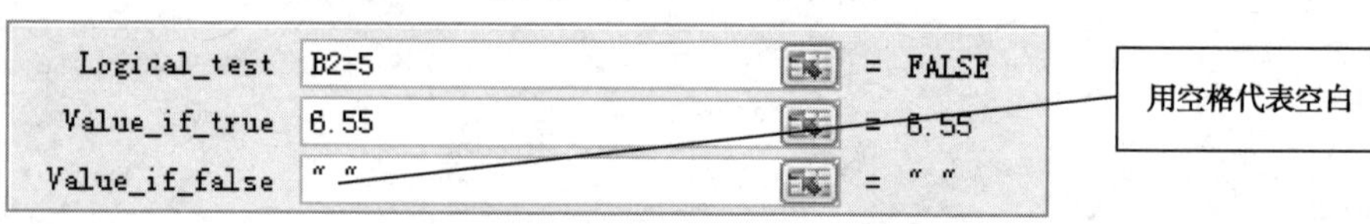

图 3-44　IF()函数第 3 层参数

（4）嵌套完成后，编辑栏显示内容如图 3-45 所示。按 Enter 键得到结果，拖动填充柄，填充其他数据。

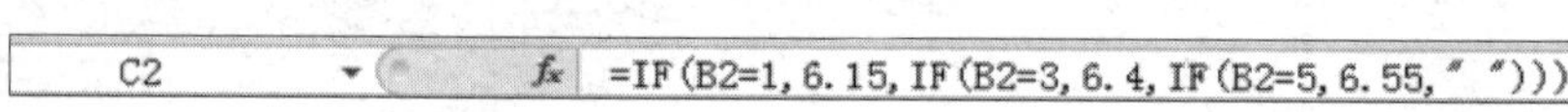

图 3-45　编辑栏（嵌套后）

2）计算本息

任务要求：计算本息，本息=金额×(1+年利率×期限/100)。

操作步骤：

（1）将光标定位在 E2 单元格，手动输入=，再按要求引用对应数据参与计算，手动输入公式中的运算符号。

（2）公式输入完成后，编辑栏显示内容如图 3-46 所示，按 Enter 键得到结果，拖动填充柄，填充其他数据。

图 3-46　编辑栏

3）根据贷款日及期限，利用日期与时间函数填充到期日

任务要求：根据贷款日及期限，利用日期与时间函数填充到期日，到期日的年份=贷款日的年份+期限。

操作步骤：

（1）日期和时间函数 DATE()可以返回日期与时间代码中代表日期的数字，典型的应用是根据一个日期和期限得到另一个日期。将光标定位在 F2 单元格，插入日期与时间函数 DATE()，参数设置如图 3-47 所示。

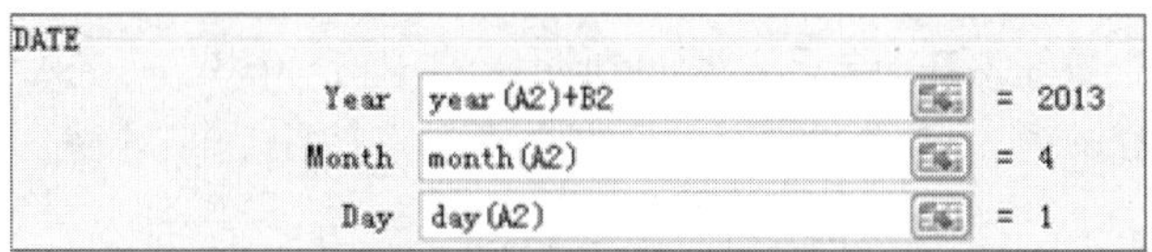

图 3-47　DATE()函数参数

注意：在使用 DATE()函数时需要注意参数格式。因本任务中期限的单位是年，所以在参数 Year 后加上期限，如果期限单位是月或日，则需加在参数 Month 或 Day 后。

（2）适当调整列宽，将文件以原文件名存盘。“贷款”工作表最后计算结果的部分数据如图 3-48 所示。

	A	B	C	D	E	F	G
1	贷款日	期限（年）	年利率（%）	金额（元）	本息（元）	到期日	银　行
2	2012/4/1	1	6.15	20000	21230	2013/4/1	农业银行
3	2012/9/1	1	6.15	18000	19107	2013/9/1	建设银行
4	2012/10/1	1	6.15	50000	53075	2013/10/1	工商银行
5	2012/5/1	1	6.15	28000	29722	2013/5/1	中国银行
6	2012/2/1	3	6.40	25000	29800	2015/2/1	中国银行
7	2013/5/1	3	6.40	16000	19072	2016/5/1	农业银行
8	2012/7/1	3	6.40	36000	42912	2015/7/1	中国银行
9	2012/8/1	3	6.40	28000	33376	2015/8/1	中国银行
10	2012/12/1	3	6.40	38000	45296	2015/12/1	建设银行
11	2013/1/1	3	6.40	22000	26224	2016/1/1	农业银行
12	2013/3/1	3	6.40	42000	50064	2016/3/1	农业银行
13	2005/6/1	3	6.40	18000	21456	2008/6/1	建设银行
14	2005/8/1	3	6.40	40000	47680	2008/8/1	工商银行
15	2012/1/1	5	6.55	10000	13275	2017/1/1	工商银行
16	2012/3/1	5	6.55	30000	39825	2017/3/1	建设银行
17	2012/6/1	5	6.55	42000	55755	2017/6/1	农业银行
18	2012/11/1	5	6.55	24000	31860	2017/11/1	工商银行
19	2013/2/1	5	6.55	16000	21240	2018/2/1	农业银行
20	2013/4/1	5	6.55	36000	47790	2018/4/1	中国银行
21	2013/7/1	5	6.55	50000	66375	2018/7/1	工商银行
22	2011/2/2	1	6.15	26000	27599	2012/2/2	建设银行
23	2011/5/6	1	6.15	30000	31845	2012/5/6	工商银行
24	2011/9/10	1	6.15	30000	31845	2012/9/10	建设银行

图 3-48　“贷款”工作表最后计算结果的部分数据

4）如果给定了贷款日与到期日，计算期限

任务要求：根据贷款日与到期日计算期限，用 YEAR()函数，期限数据为数值型、无小数。

思路：用到期日的年份减去贷款日的年份即可得到期限。

操作步骤：

（1）日期和时间函数 YEAR()可以返回日期的年份值。将光标定位在 B2 单元格，插入日期和时间函数 YEAR()，参数设置如图 3-49 所示。

图 3-49　YEAR()函数参数

（2）单击“确定”按钮，B2 单元格返回到期日的年份 2013。将光标移至编辑栏，手动输入-，继续插入 YEAR()函数，参数为 A2。单击“确定”按钮后即可得到期限。编辑栏显示内容如图 3-50 所示。

图 3-50　编辑栏

注意：日期与时间函数 MONTH()、DAY()可以分别返回日期的月份和日期值，使用方法类似于 YEAR()函数。

（3）设置单元格格式为数值型、无小数。

任务 3　数据统计与分析

实训要求

对 Excel 2010 素材库“成绩分析.xlsx”文件中的数据进行统计和分析，按要求完成排序、分类汇总、筛选、创建数据透视表等操作。

实训目的

1．熟练掌握在 Excel 2010 中进行数据排序、分类汇总、自动筛选、高级筛选、创建数据透视表的基本步骤。

2．能够综合使用数据统计分析工具，灵活解决实际问题。

实训内容

打开 Excel 2010 素材库中的“成绩分析.xlsx”文件，把“成绩”工作表中的数据分别复制到 Sheet2、Sheet3、Sheet4、Sheet5、Sheet6、Sheet7 工作表中，并把 Sheet2～Sheet7 工作表分别重命名为“简单排序”“复杂排序”“分类汇总”“自动筛选”“高级筛选”“数据透视表”，如图 3-51 所示。

图 3-51　工作表名称

注意：对工作表进行复制时，单击工作表行标签和列标签交叉点即可选中整张工作表。分别打开后面的空白工作表并将光标定位在 A1 单元格进行粘贴，光标在“粘贴选项”间移动即可预览不同的粘贴效果，选取满足要求的选项即可。

1. 排序

排序是对数据表按照一个或多个条件重新调整记录顺序的操作，是数据统计分析的一项基础性工作。

1）简单排序：排序条件只有一个

任务要求：打开“简单排序”工作表，按照“平均成绩”降序排列数据。

操作步骤：

（1）将光标定位在“平均成绩”列的任一单元格内，如I2单元格。

（2）单击“数据”选项卡“排序和筛选”选项组中的“降序”按钮，如图3-52所示。

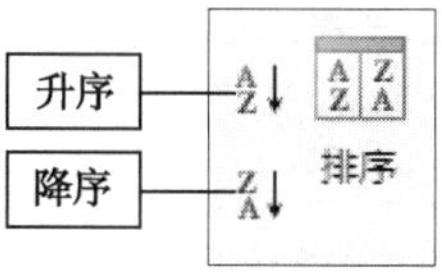

图3-52　“升序”和“降序”按钮

（3）以原文件名存盘。

注意：排序并不仅仅是“平均成绩”列数据之间位置的调整，而是整个数据表记录顺序的调整，从排序完成的数据表中可以观察到学号的顺序已经被打乱了。

2）复杂排序：排序条件有两个或多个

任务要求：打开“复杂排序”工作表，按照“总成绩”降序、“姓名”升序排列数据。

按“总成绩”降序、“姓名”升序排列数据的意思：对数据表先按照“总成绩”降序排列数据，在总成绩相同的情况下再按照“姓名”升序排列数据。姓名是文本型数据，升序即按首字母由A～Z顺序排列。

操作步骤：

（1）将光标定位在数据表内（便于自动选中数据范围）。

（2）单击“数据”选项卡“排序和筛选”选项组中的“排序”按钮，弹出“排序”对话框，如图3-53所示。

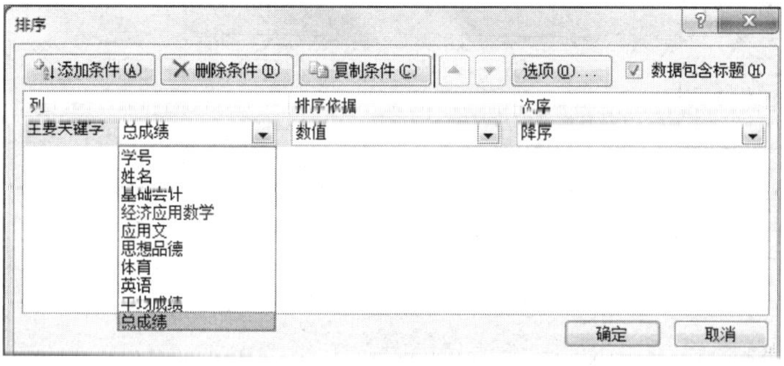

图3-53　“排序”对话框

（3）将“主要关键字”设置为“总成绩”，将“次序”设置为“降序”；单击“添加条件”按钮，将“次要关键字”设置为“姓名”，将“次序”设置为“升序”。如果排序条件更多则继续添加，同时也可以单击“删除条件”按钮，删除不需要的排序条件。

注意：选中“数据包含标题”复选框，则在关键字列表处可以看到所有字段名；如果没有选中该复选框，则在关键字列表处只能看到列标。

（4）单击“确定”按钮得到排序结果，以原文件名存盘。

注意：多条件排序时，只有主要关键字值相同的记录才会按照次要关键字进行排序，次要关键字值相同的记录才会按照下一个次要关键字排序，以此类推。

2．分类汇总

分类汇总是对数据表根据某个关键字，按照要求进行分类汇总，实现计数、求和、求平均值等统计功能。

任务要求：打开“分类汇总”工作表，按“性别”分类汇总“基础会计”“经济应用数学”“英语”的平均分，并把汇总结果设置为数值型，保留一位小数。

思路：可按排序操作进行。

注意：分类汇总必须先“分类”后“汇总”，这样汇总出的数据才有意义。一般题目要求中，“按”字后面就是“分类字段”。因此，本任务的分类字段为“性别”。

分类字段的字段值如果处于无序的排列状态，必须按照分类字段对数据表重新进行排序（升序、降序都可以），使分类字段值相同的数据记录放在一起，以实现分类的效果。

操作步骤：

（1）将光标定位在数据表内。

（2）单击“数据”选项卡“分级显示”选项组中的“分类汇总”按钮，弹出“分类汇总”对话框，参数设置如图 3-54 所示。

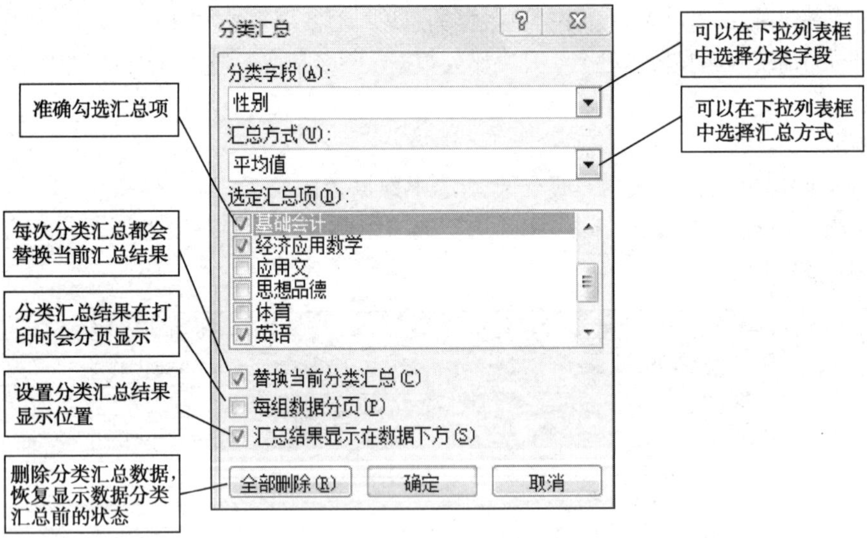

图 3-54　“分类汇总”对话框

注意：如果分类汇总结果出错，可将光标定位在数据表中，再次打开“分类汇总”对话框，重新调整各部分内容或单击“全部删除”按钮。

（5）单击“确定”按钮。按住 Ctrl 键选取汇总结果所在单元格，设置单元格格式为数值型，保留一位小数。分类汇总结果如图 3-55 所示。

	A	B	C	D	E	F	G	H	I	J	K
1	学号	姓名	性别	基础会计	经济应用数学	应用文	思想品德	体育	英语	平均成绩	总成绩
2	0403041109	戴宁一	男	82	100	82	90	80	90	87.3	524
3	0403041110	农尉华	男	90	98	74	83	85	77	84.5	507
4	0403041113	郑昱星	男	90	90	80	85	78	77	83.3	500
5	0403041115	郭辉	男	82	80	65	77	75	73	75.3	452
6	0403041116	邱勇	男	46	87	60	72	73	77	69.2	415
7	0403041117	王庆	男	60	87	88	86	76	75	78.7	472
8	0403041118	邓铜	男	63	80	65	71	30	74	63.8	383
9	0403041119	周鹏	男	46	80	61	73	15	77	58.7	352
10	0403041120	王帅	男	47	86	77	75	30	72	64.5	387
11	0403041121	李天毅	男	82	92	64	88	85	74	80.8	485
12	0403041122	卢训辉	男	93	88	75	95	60	90	83.5	501
13	0403041123	卢江流	男	81	95	70	86	85	75	82.0	492
14	0403041124	韦智文	男	64	65	61	88	65	71	69.0	414
15	0403041125	王金涛	男	91	100	72	91	80	85	86.5	519
16	0403041126	贾楸烽	男	74	90	70	86	75	72	77.8	467
17	0403041129	冯雄超	男	24	68	0	83	20	66	43.5	261
18	0403041132	李俊杰	男	23	82	60	75	45	79	60.7	364
19	0403041133	章普	男	57	90	77	86	67	74	75.2	451
20			**男 平均值**	66.4	86.6				76.6		
21	0403041101	骆银银	女	84	88	71	76	65	83	77.8	467
22	0403041102	韩晓兰	女	92	92	82	85	81	86	86.3	518
23	0403041103	冯彩霞	女	78	98	80	93	81	79	84.8	509
24	0403041104	朱艳	女	79	90	80	91	80	88	84.7	508
25	0403041105	何蓓	女	82	92	87	89	72	72	82.3	494
26	0403041106	宋颖	女	79	95	75	86	75	90	83.3	500
27	0403041107	李玲	女	78	98	76	89	75	74	81.7	490
28	0403041108	岑鸿艳	女	54	85	81	94	85	67	77.7	466
29	0403041111	边园园	女	99	88	60	80	76	76	79.8	479
30	0403041112	杨蕾	女	68	85	81	89	66	72	76.8	461
31	0403041114	蒋希珍	女	82	82	77	86	80	84	81.8	491
32	0403041127	孟伟杰	女	65	88	74	86	71	79	77.2	463
33	0403041128	陈晋	女	41	75	71	94	73	77	71.8	431
34	0403041130	张元鑫	女	56	77	74	83	70	72	72.0	432
35	0403041131	金求	女	83	98	80	93	75	84	85.5	513
36			**女 平均值**	74.7	88.7				78.9		
37			**总计平均值**	70.2	87.5				77.6		

图 3-55　分类汇总结果

（6）以原文件名存盘。

3．自动筛选

自动筛选是将数据表中不满足条件的记录暂时隐藏起来，屏幕上只显示满足条件的记录。可以进行单条件、多条件和自定义筛选。

任务要求：打开“自动筛选”工作表，筛选出总成绩最高的前 5 个人。

操作步骤：

（1）将光标定位在数据表内。

（2）单击“数据”选项卡“排序和筛选”选项组中的“筛选”按钮，此时每个字段名右侧会出现一个下拉按钮，如图 3-56 所示。

A	B	C	D	E	F	G	H	I	J	K
学号	姓名	性别	基础会计	经济应用数学	应用文	思想品德	体育	英语	平均成绩	总成绩
040304110:	骆银银	女	84	88	71	76	65	83	77.8	467

图 3-56　自动筛选字段

（3）单击“总成绩”字段名右侧的下拉按钮，在弹出的如图 3-57 所示的菜单中选择“数字筛选”→“10 个最大的值”命令。

（4）在弹出的“自动筛选前 10 个”对话框中进行设置，如图 3-58 所示。其中“最大”可切换为“最小”，数值可按要求调整，“项”可切换为“百分比”。

注意：如果自动筛选条件设置错误，单击“筛选”按钮右侧的“清除”按钮，即可清除所有条件，恢复显示所有记录的数据表状态。

（5）单击“确定”按钮，即可得到如图 3-59 所示的筛选结果。

注意：可以将筛选的结果选中，复制后粘贴到其他位置。

（6）以原文件名存盘。

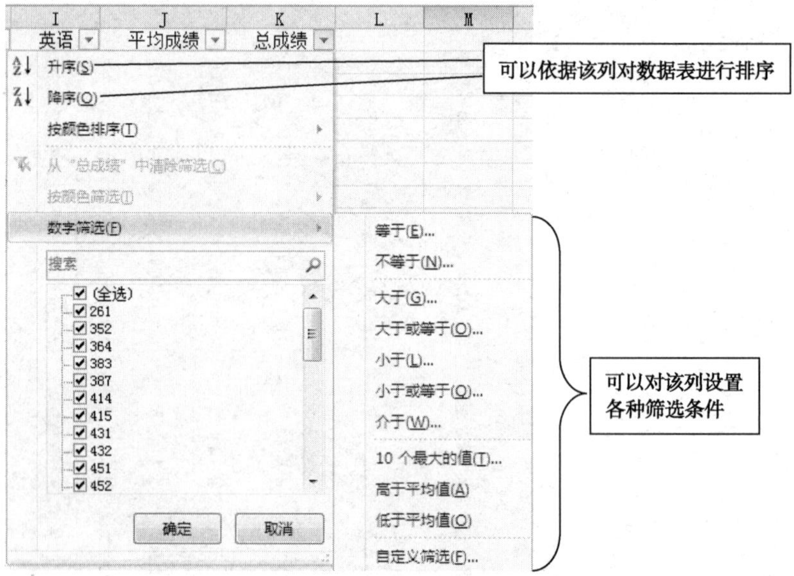

图 3-57　“总成绩”菜单

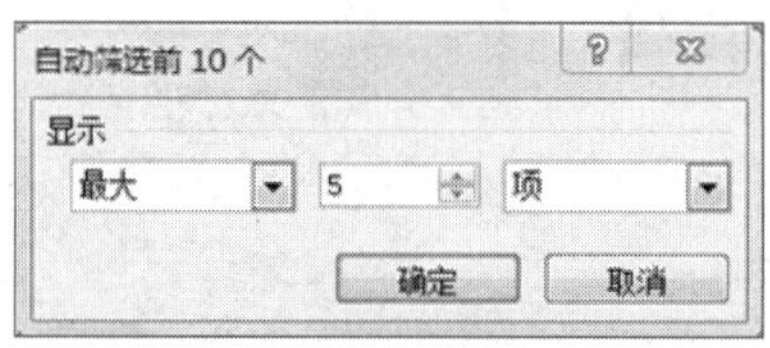

图 3-58　“自动筛选前 10 个”对话框

	A	B	C	D	E	F	G	H	I	J	K
1	学号	姓名	性别	基础会计	经济应用数学	应用文	思想品德	体育	英语	平均成绩	总成绩
3	140304110:	韩晓兰	女	92	92	82	85	81	86	86.3	518
4	140304110:	冯彩霞	女	78	98	80	93	81	79	84.8	509
10	140304110!	戴宁一	男	82	100	82	90	80	90	87.3	524
26	140304112!	王金涛	男	91	100	72	91	80	85	86.5	519
32	140304113:	金求	女	83	98	80	93	75	84	85.5	513

图 3-59　自动筛选结果

注意：如果不希望数据表显示自动筛选的状态，可以再次单击“筛选”按钮，各字段名右侧的下拉按钮便会消失。

自动筛选可以对多个字段设置筛选条件，但每个筛选条件的添加都是在上一个筛选条件的结果上进行的，也就是对多个字段来说，自动筛选只能进行“逻辑与”关系的筛选。如果要对多个字段实现“逻辑或”关系的筛选，则要用到高级筛选。

4．高级筛选

高级筛选可以设定多个条件对数据进行筛选，可以使筛选结果在原数据表区域显示或将其复制到其他位置，可以实现对单个字段“逻辑与”“逻辑或”关系的筛选，也可以实现对多个字段之间“逻辑与”“逻辑或”关系的筛选，更适合复杂条件的筛选。

任务要求：打开“高级筛选”工作表，筛选出“基础会计”成绩大于或等于 90，或者“经济应用数学”成绩大于或等于 95，或者“英语”成绩大于或等于 90 的学生信息。

条件区：将起始单元格定位在 M5。

复制到：将起始单元格定位在 M15。

操作步骤：

（1）按住 Ctrl 键，选中“基础会计”“经济应用数学”“英语”3 个字段名后进行复制；再选中条件区起始单元格 M5，粘贴 3 个字段。

注意：条件区的字段名必须放置在同一行，并且必须和数据表中的字段名保持一致，所以这里用复制后粘贴的方法，既准确又便捷。

（2）在字段名下方输入具体条件。原则：同一行的条件是“逻辑与”的关系，即同时满足；不同行的条件是“逻辑或”的关系，即满足其中一个即可。

本任务的 3 个条件之间都是“逻辑或”的关系，所以条件区设置如图 3-60 所示。

基础会计	经济应用数学	英语
>=90		
	>=95	
		>=90

图 3-60　条件区设置

（3）将光标定位在数据表内。

（4）单击“数据”选项卡“排序和筛选”选项组中的“高级”按钮，打开如图 3-61 所示的“高级筛选”对话框。

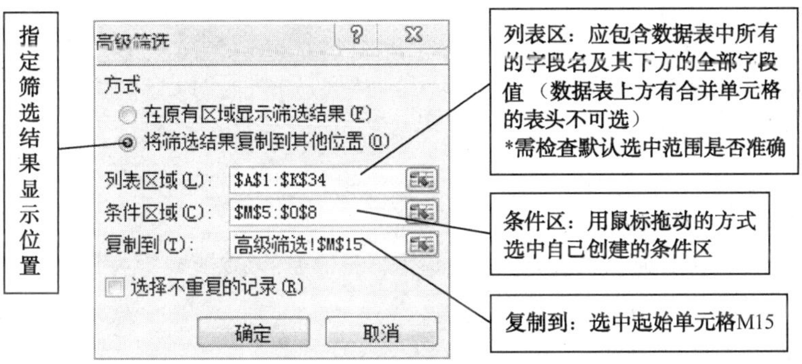

图 3-61　“高级筛选”对话框

（5）单击“确定”按钮后显示筛选结果，如图 3-62 所示。

学号	姓名	性别	基础会计	经济应用数学	应用文	思想品德	体育	英语	平均成绩	总成绩
0403041102	韩晓兰	女	92	92	82	85	81	86	86.3	518
0403041103	冯彩霞	女	78	98	80	93	81	79	84.8	509
0403041106	宋颖	女	79	95	75	86	75	90	83.3	500
0403041107	李玲	女	78	98	76	89	75	74	81.7	490
0403041109	戴宁一	男	82	100	82	90	80	90	87.3	524
0403041110	农尉华	男	90	98	74	83	85	77	84.5	507
0403041111	边园园	女	99	88	60	80	76	76	79.8	479
0403041113	郑显星	男	90	90	80	85	78	77	83.3	500
0403041122	卢训辉	男	93	88	75	95	60	90	83.5	501
0403041123	卢江流	男	81	95	70	86	85	75	82.0	492
0403041125	王余涛	男	91	100	72	91	80	85	86.5	519
0403041131	金求	女	83	98	80	93	75	94	86.5	513

图 3-62　高级筛选结果

表 3-1 列出了几种不同筛选条件所对应的条件区，便于读者灵活掌握条件区的设置。

表 3-1　筛选条件示例

序　　号	筛 选 条 件	示　　例
1	筛选出“基础会计”成绩大于或等于 90，并且“经济应用数学”成绩大于或等于 95 的学生记录	基础会计 | 经济应用数学 >=90 | >=95
2	筛选出“总成绩”大于或等于 500，并且“性别”为“女”的学生记录	总成绩 | 性别 >=500 | 女
3	筛选出“基础会计”成绩大于 80 且小于 90，或者“经济应用数学”成绩大于或等于 90 的学生记录	基础会计 | 基础会计 | 经济应用数学 >80 | <90 | | | >=90
4	筛选出“基础会计”成绩小于 80 或大于 90，并且“经济应用数学”成绩大于或等于 90 的学生记录	基础会计 | 经济应用数学 <80 | >=90 >90 | >=90

读者可以设计、尝试不同的筛选条件，牢记高级筛选的步骤，为满足今后学习和工作的不同需要打下坚实的基础。

5. 创建数据透视表

数据透视表是一种交互式的数据报表，可以快速汇总和比较大量数据，同时用户可以通过设置其中页、行和列的不同数据元素，快速查看源数据的不同统计汇总结果。

任务要求：根据“数据透视表”工作表中的数据建立数据透视表。行字段为“性别”，计算项为“基础会计”“体育”“英语”的平均分；结果放置位置以当前工作表中的 M10 单元格为开始处。

操作步骤：

（1）将光标定位在数据表内。

（2）单击“插入”选项卡“表格”选项组中的“数据透视表”按钮，弹出“创建数据透视表”对话框，参数设置如图 3-63 所示。

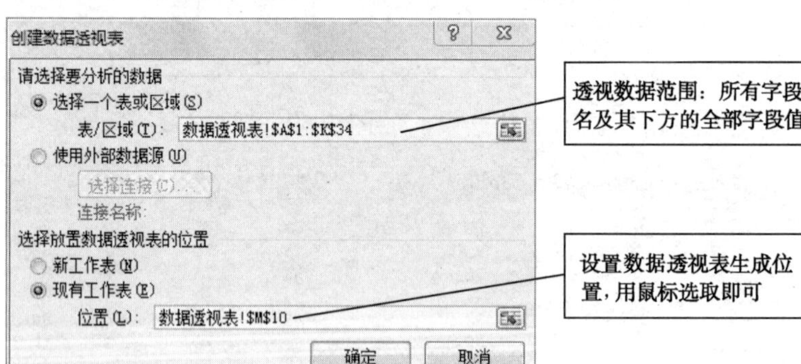

图 3-63　“创建数据透视表”对话框

（3）单击“确定”按钮后，编辑窗口右侧打开“数据透视表字段列表”窗格，同时可以看到“数据透视表工具”选项卡被打开。

（4）如图 3-64 所示，将“性别”字段名拖动至“行标签”对应位置，将“基础会计”“体育”“英语”字段名拖动至“数值”对应位置，此时数值项默认统计方式为求和，可单击数值项内容，在弹出的菜单中选择“值字段设置”命令，将汇总方式更改为“平均值”。

图 3-64　“数据透视表字段列表”窗格和数值项菜单

当“数值”默认显示在“列标签”对应位置时，数值会显示在不同列，数据透视表显示如图 3 65 所示。

行标签	平均值项:基础会计	平均值项:体育	平均值项:英语
男	66.38888889	62.44444444	76.55555556
女	74.66666667	75	78.86666667
总计	**70.15151515**	**68.15151515**	**77.60606061**

图 3-65　数值显示在不同列的透视结果

如把“数值”拖动至“行标签”对应位置，则数值会显示在不同行，数据透视表显示如图 3-66 所示。

行标签	
男	
平均值项:基础会计	66.38888889
平均值项:体育	62.44444444
平均值项:英语	76.55555556
女	
平均值项:基础会计	74.66666667
平均值项:体育	75
平均值项:英语	78.86666667
平均值项:基础会计汇总	**70.15151515**
平均值项:体育汇总	**68.15151515**
平均值项:英语汇总	**77.60606061**

图 3-66　数值显示在不同行的透视结果

（5）以原文件名存盘。

注意：在数据透视表中可以选择查看显示内容，比如在“行标签”处可以切换显示男生或女生的统计结果。

任务 4　创建图表

实训要求

根据 Excel 2010 素材库“图表数据.xlsx”文件中的数据生成图表，并按要求对图表对象进行编辑。

实训目的

1．掌握创建图表的步骤。

2．能够按要求编辑图表中的任意对象。

实训内容

通过学习 Excel 2010 内置的函数和分析功能，可以完成对数据表的统计和分析，但是这些统计分析的结果对数据的表现都是抽象的，不够直观、形象，想直观、形象地体现这些数据，就要用到 Excel 2010 强大的图表功能。

常见的图表类型有柱形图、折线图、饼图等，不同的图表类型所具备的功能也各不相同。例如，柱形图可以表现数据之间的对比关系，折线图可以表现数据发展趋势，饼图可以表现数据个体与整体之间的关系。下面以柱形图和饼图为例介绍创建和编辑图表的方法。

1．创建柱形图并编辑各图表对象

1）直接依据数据表中的数据创建柱形图

任务要求：根据 Excel 2010 素材库“图表数据.xlsx”文件中“成绩”工作表中的数据，制作成绩对比图，如图 3-67 所示。

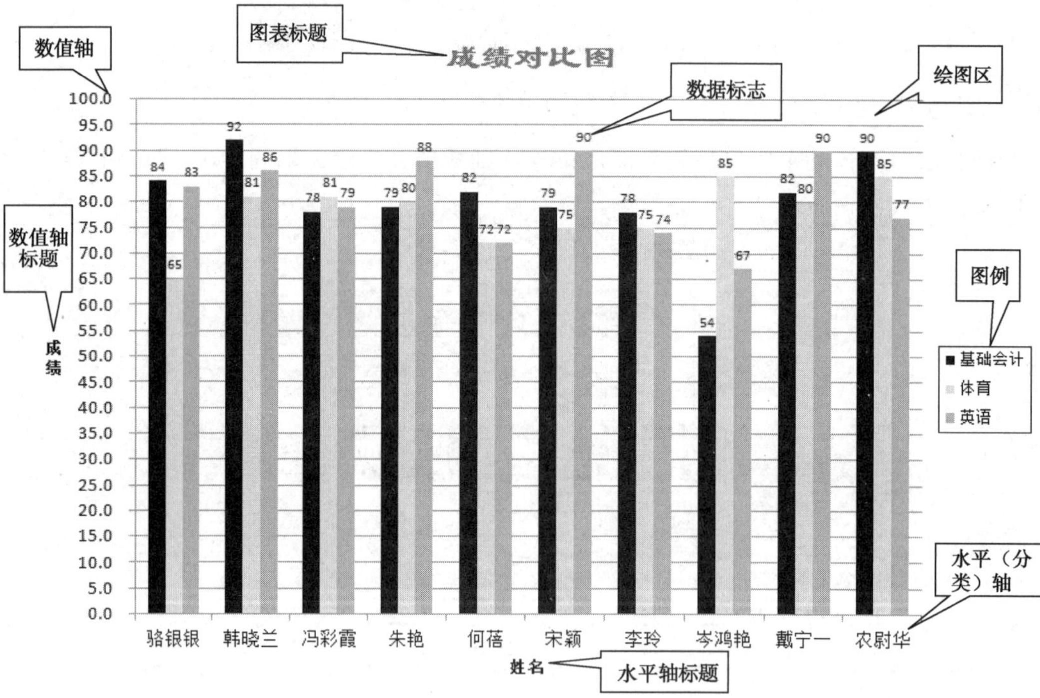

图 3-67　柱形图：成绩对比图

图表类型：二维簇状柱形图。

图表标题：隶书，24 磅，加粗，红色。

图表位置：作为新工作表插入，工作表名称为“成绩对比图”。

操作步骤：

（1）观察样图中数据系列的个数。

方法 1：可以根据图 3-67 中的图例判断，本题有 3 个数据系列：基础会计、体育、英语。

方法 2：如果无图例，可以根据图形颜色判断（通常一种颜色的图形代表一个数据系列，有几种颜色的图形就代表有几个系列）。

（2）将光标定位在“成绩”工作表中的数据表外（避免默认选中所有数据作为图表数据源，通常图表中体现的是部分数据）。

（3）单击“插入”选项卡“图表”选项组中的“柱形图”按钮，在打开的下拉列表中选择“二维”→“簇状柱形图”命令，此时出现一个空白图表区，同时显示“图表工具”选项卡，如图 3-68 所示。

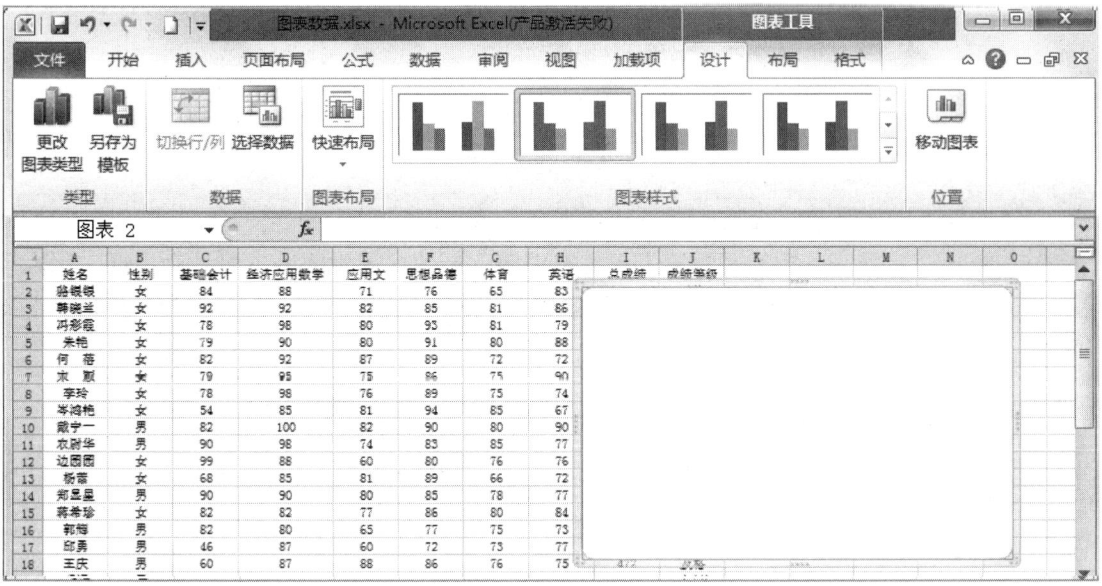

图 3-68 “图表工具”选项卡

（4）单击“图表工具—设计”选项卡“数据”选项组中的“选择数据”按钮，弹出“选择数据源”对话框，如图 3-69 所示。

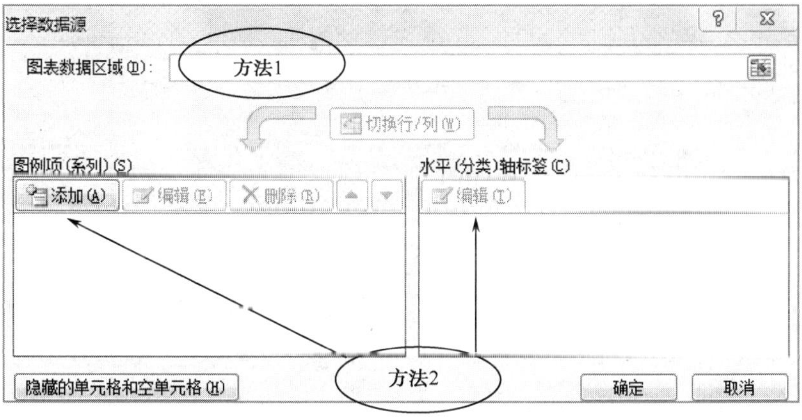

图 3-69 “选择数据源”对话框

（5）使用以下两种方法之一选择数据源。

方法 1：在“图表数据区域”选择制作图表所需数据，如此处可进行如图 3-70 所示的设置。

图 3-70　图表数据区域

方法 2：单击“图例项（系列）”下的“添加”按钮，打开“编辑数据系列”对话框，添加“基础会计”数据系列，如图 3-71 所示。然后依上述方法添加“体育”“英语”数据系列。

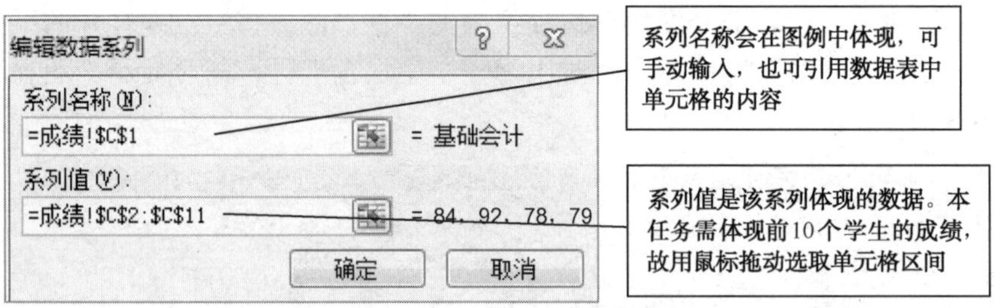

图 3-71　“编辑数据系列”对话框

注意：方法 1 虽便捷，但易受表中数据类型的限制，容易出错，本书推荐使用方法 2。

（6）单击“水平（分类）轴标签”下的“编辑”按钮，弹出“轴标签”对话框，用鼠标选取希望显示在水平轴上的数据内容，本任务从样图判断为前 10 个学生的姓名，如图 3-72 所示。

图 3-72　“轴标签”对话框

（7）单击“图表工具—设计”选项卡“位置”选项组中的“移动图表”按钮，弹出“移动图表”对话框。在本任务中，图表作为新工作表插入，所以单击“新工作表”单选按钮，并在后面为工作表命名，如图 3-73 所示。

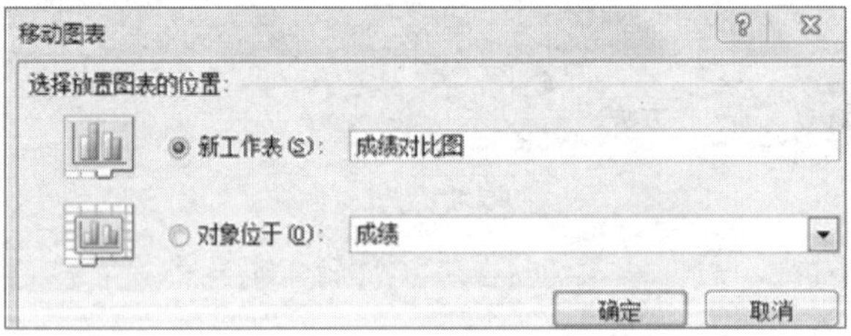

图 3-73　“移动图表”对话框

（8）单击“确定”按钮后即生成图表工作表“成绩对比图”雏形，如图 3-74 所示。

（9）目前生成的图表没有图表标题、坐标轴标题、数据标志，这些内容的设置都可以借助“图表工具—布局”选项卡完成，如图 3-75 所示。操作简单，请读者尝试设置，这里不再赘述。

（10）对于图表中已经存在的对象，如果想编辑其格式，可以选中该对象，在其上单击鼠标右键，在弹出的快捷菜单中选择“设置××格式”命令。请读者尝试设置，注意保存。

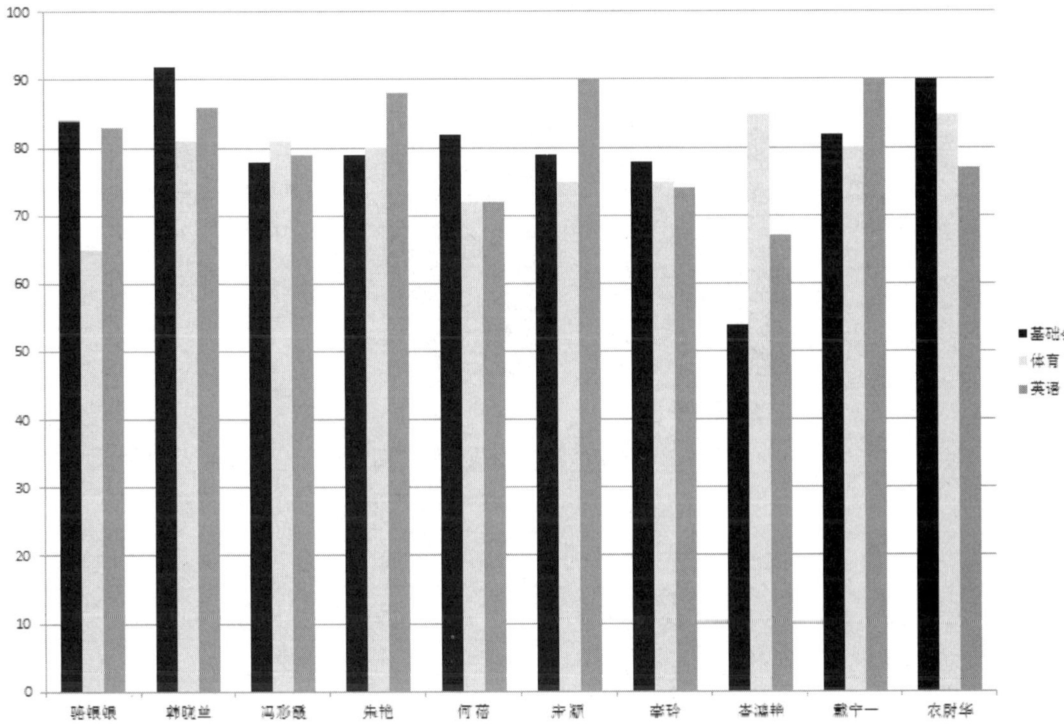

图 3-74　“成绩对比图”雏形

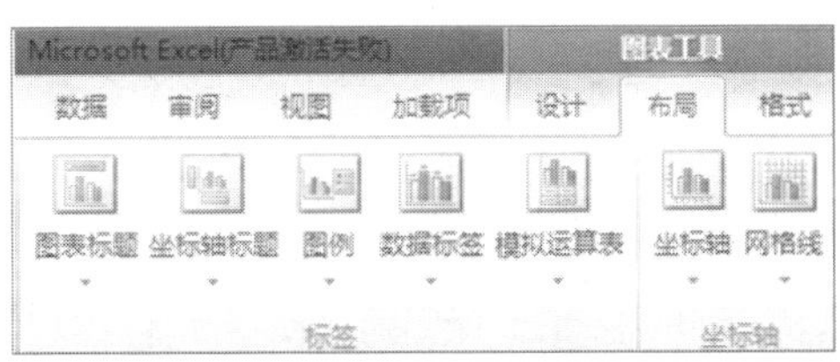

图 3-75　“图表工具—布局”选项卡

设置要求：图表标题为隶书，24 磅，红色；坐标轴标题为宋体，14 磅；图例为宋体，12 磅。

数值轴：最大值为 100，最小值为 0，主要刻度单位为 5，保留一位小数。

注意：该柱形图的创建和编辑方法可用于其他常见类型图表的创建和编辑，如折线图、条形图等。

2）依据分类汇总结果创建柱形图

有时要依据分类汇总结果创建图表。下面举例说明操作步骤。

任务要求：根据 Excel 2010 素材库“图表数据.xlsx”文件中“分类汇总”工作表中的数据，按“性别”分类汇总“基础会计”“体育”“英语”的平均分，并依据分类汇总结果生成图表，如图 3-76 所示。

操作步骤：

（1）按“性别”字段对数据表进行排序（先分类）。

（2）打开“分类汇总”对话框，设置相关参数，如图 3-77 所示。分类汇总结果如图 3-78 所示。

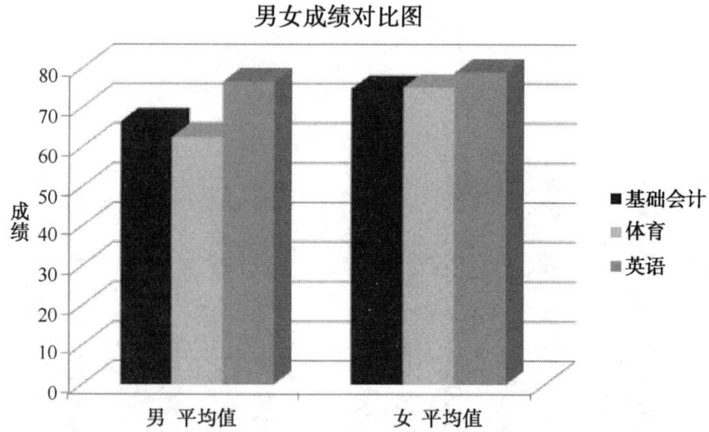

图 3-76 柱形图：男女成绩对比图

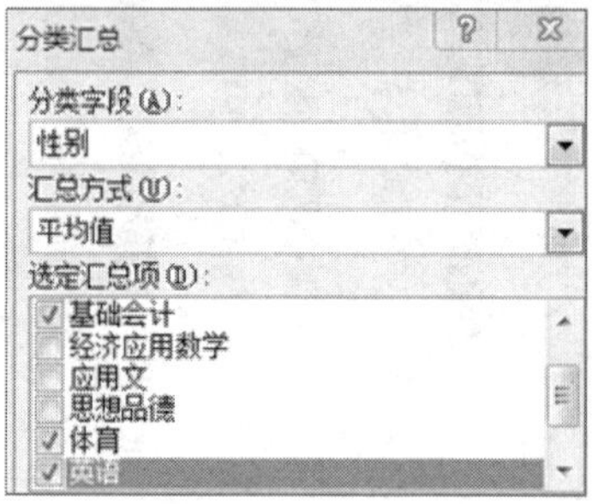

图 3-77 “分类汇总”对话框

	A	B	C	D	E	F	G	H	I	J
1	姓名	性别	基础会计	经济应用数学	应用文	思想品德	体育	英语	总成绩	成绩等级
2	戴宁一	男	82	100	82	90	80	90	524	优秀
3	农尉华	男	90	98	74	83	85	77	507	及格
4	郑昱星	男	90	90	80	85	78	77	500	及格
5	郭辉	男	82	80	65	77	75	73	452	及格
6	邱勇	男	46	87	60	72	73	77	415	不及格
7	王庆	男	60	87	88	86	76	75	472	及格
8	邓铜	男	63	80	65	71	30	74	383	不及格
9	周鹏	男	46	80	61	73	15	77	352	不及格
10	王帅	男	47	86	77	75	30	72	387	不及格
11	李天毅	男	82	92	64	88	85	74	485	及格
12	卢训辉	男	93	88	75	95	60	90	501	及格
13	卢江流	男	81	95	70	86	85	75	492	及格
14	韦智文	男	64	65	61	88	65	71	414	不及格
15	王金涛	男	91	100	72	91	80	85	519	优秀
16	贾楸烽	男	74	90	70	86	75	72	467	及格
17	冯雄超	男	24	68	0	83	20	66	261	不及格
18	李俊杰	男	23	82	60	75	45	79	364	不及格
19	章普	男	57	90	77	86	67	74	451	及格
20		**男 平均值**	66.38888889				62.44444	76.55556		
21	骆银银	女	84	88	71	76	65	83	467	及格
22	韩晓兰	女	92	92	82	85	81	86	518	优秀
23	冯彩霞	女	78	98	80	93	81	79	509	及格
24	朱艳	女	79	90	80	91	80	88	508	及格
25	何蓓	女	82	92	87	89	72	72	494	及格
26	宋颖	女	79	95	75	86	75	90	500	及格
27	李玲	女	78	98	76	89	75	74	490	及格
28	岑鸿艳	女	54	85	81	94	85	67	466	及格
29	边园园	女	99	88	60	80	76	76	479	及格
30	杨蕾	女	68	85	81	89	66	72	461	及格
31	蒋希珍	女	82	82	77	86	80	84	491	及格
32	孟伟杰	女	65	88	74	86	71	79	463	及格
33	陈晋	女	41	75	71	94	73	77	431	及格
34	张元鑫	女	56	77	74	83	70	72	432	及格
35	金求	女	83	98	80	93	75	84	513	优秀
36		**女 平均值**	74.66666667				75	78.86667		
37		**总计平均值**	70.15151515				68.15152	77.60606		

图 3-78 分类汇总结果

（3）将光标定位在数据表外，单击“插入”选项卡“图表”选项组中的“柱形图”按钮，在打开的下拉列表中选择“三维”→“簇状柱形图”命令。

（4）单击“表格工具—设计”选项卡“数据”选项组中的“选择数据”按钮，弹出“选择数据源”对话框。按照选择数据源的方法 2 进行数据源的选择。3 个数据系列中，先添加“基础会计”数据系列，如图 3-79 所示。然后依上述方法添加“体育”和“英语”数据系列。

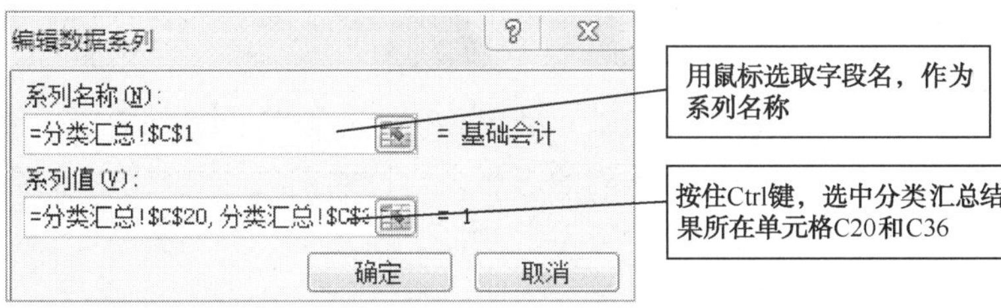

图 3-79　“编辑数据系列”对话框

（5）在“轴标签”对话框中设置水平轴标签，如图 3-80 所示。

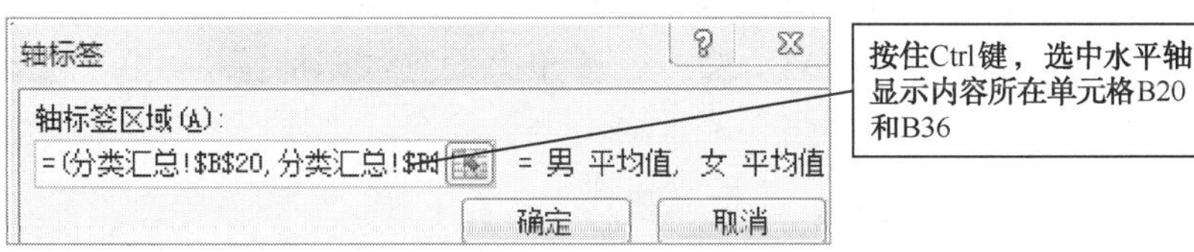

图 3-80　“轴标签”对话框

（6）添加图表标题、坐标轴标题。

（7）将柱形图作为嵌入式图表放在“分类汇总”工作表中。

（8）以原文件名存盘。

2. 创建饼图

任务要求：根据 Excel 2010 素材库“图表数据.xlsx”文件中“成绩统计”工作表中的数据，用饼图显示优秀、及格、不及格人数所占的百分比，如图 3-81 所示。

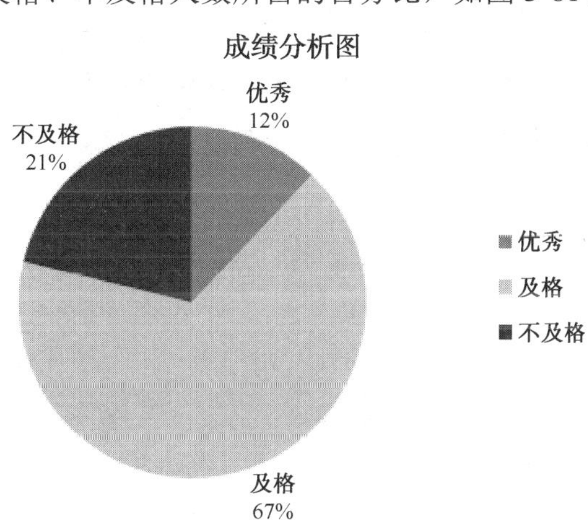

图 3-81　饼图：成绩分析图

图表类型：二维饼图。

图表位置：作为对象嵌入“成绩统计”工作表中。

数据标志设置如样图所示。

操作步骤：

（1）打开“成绩统计”工作表，将光标定位在数据表外。

（2）单击“插入”选项卡“图表”选项组中的“饼图”按钮，在打开的下拉列表中选择“二维”→“饼图”命令。

（3）单击“图表工具—设计”选项卡“数据”选项组中的“选择数据”按钮，弹出“选择数据源”对话框。创建饼图不能用系列的思想去选择数据源，而且饼图的数据源往往比较简单，所以直接指定图表数据区域，如图 3-82 所示。

图 3-82　图表数据区域

（4）单击“图表工具—布局”选项卡“标签”选项组中的“数据标签”按钮，在打开的下拉列表中选择“其他数据标签选项”命令，弹出“设置数据标签格式”对话框，在该对话框中进行饼图数据标签的设置，如图 3-83 所示。

图 3-83　“设置数据标签格式”对话框

（5）调整嵌入式图表的位置。

（6）以原文件名存盘。

任务 5　合并计算

实训要求

根据不同数据表中的数据完成合并计算。

实训目的

掌握合并计算的方法和步骤。

实训内容

Excel 2010 有一个很强大的内置功能：合并计算。该功能可以将不同工作表中的数据按指定的方式进行自动匹配计算，同时可以去掉表格中的重复项。被合并的数据可以位于同一张工作表中，也可以位于同一工作簿的不同工作表中，还可以位于不同的工作簿中。

合并计算有两种操作方法：按位置合并和按类别合并。

1．按位置合并

按位置合并适用于源区域中的数据按相同顺序排列并使用相同标签的情况。使用此方法可以从一系列工作表（如使用同一模板创建的部门预算工作表）中合并数据。

任务要求：打开素材文件夹中的文件“合并计算.xlsx”，该文件记录了球球文具店两天的销售数据，如图 3-84 所示，分别位于工作表 Sheet1 和 Sheet2 中。现对两天的数据进行合并计算，合并数据开始处为 Sheet3 工作表的 A1 单元格。

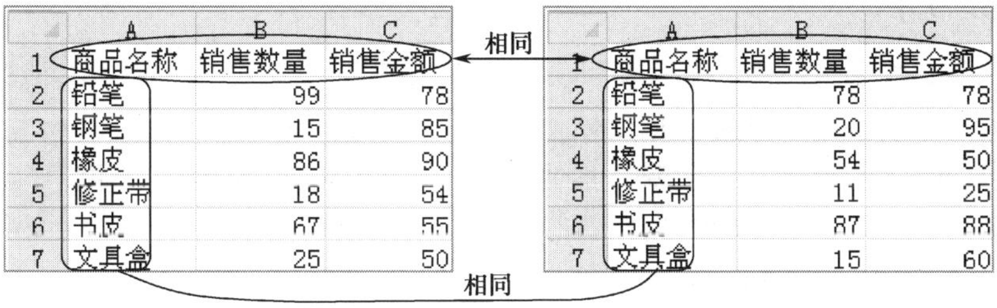

	A	B	C
1	商品名称	销售数量	销售金额
2	铅笔	99	78
3	钢笔	15	85
4	橡皮	86	90
5	修正带	18	54
6	书皮	67	55
7	文具盒	25	50

	A	B	C
1	商品名称	销售数量	销售金额
2	铅笔	78	78
3	钢笔	20	95
4	橡皮	54	50
5	修正带	11	25
6	书皮	87	88
7	文具盒	15	60

图 3-84　销售数据

操作步骤：

（1）打开 Sheet3 工作表，选中 A1 单元格，单击“数据”选项卡“数据工具”选项组中的“合并计算”按钮，弹出“合并计算”对话框，如图 3-85 所示。

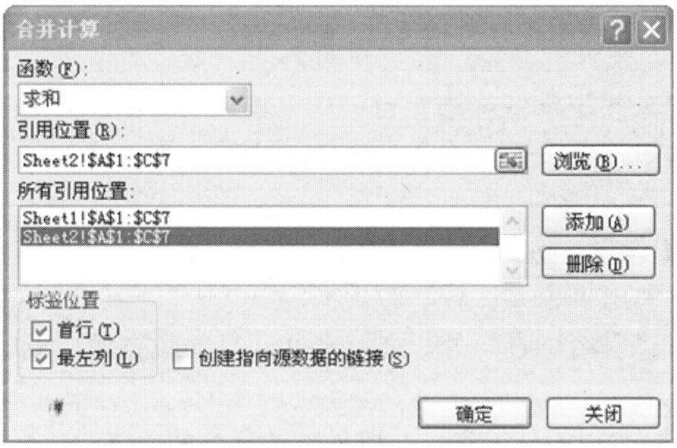

图 3-85　“合并计算”对话框

（2）将光标定位在“引用位置”处，选取合并计算的数据源“Sheet1!$A$1:$C$7”，单击“添加”按钮。

（3）重新将光标定位在“引用位置”处，选取另一部分合并计算的数据源“Sheet2!$A$1:$C$7”，再次单击“添加”按钮。

（4）选中“标签位置”选项区域下的“首行”和“最左列”复选框。

（5）单击“确定”按钮，合并计算结果如图 3-86 所示。

	A	B	C
1		销售数量	销售金额
2	铅笔	177	156
3	钢笔	35	180
4	橡皮	140	140
5	修正带	29	79
6	书皮	154	143
7	文具盒	40	110

图 3-86　合并计算结果

（6）以原文件名存盘。

注意：结果中第一个字段名会丢失，手动添加即可。上述计算方式为求和，除此之外，计算方式还有很多种，可按要求进行切换。

2．按类别合并

按类别合并适用于源区域中的数据未按相同顺序排列但使用相同标签的情况。使用此方法可以从一系列布局不同但有相同数据标签的工作表中合并数据。

任务要求：打开素材文件“合并计算.xlsx”，对 Sheet1 和 Sheet4 工作表中的数据进行合并计算，计算结果开始处为 Sheet5 工作表的 A1 单元格。两个工作表中的数据如图 3-87 所示。

	A	B	C
1	商品名称	销售数量	销售金额
2	铅笔	99	78
3	钢笔	15	85
4	橡皮	86	90
5	修正带	18	54
6	书皮	67	55
7	文具盒	25	50

	A	B	C
1	橡皮	54	50
2	书皮	87	88
3	文具盒	15	60
4	铅笔	78	78
5	钢笔	20	95
6	修正带	11	25

图 3-87　销售数据

注意：两部分数据虽然字段名无法一一对应，但是两列数值代表的内容相同，并且“商品名称”列是可以匹配的（顺序不一致不影响合并计算结果）。

操作步骤：

（1）打开 Sheet5 工作表，选中 A1 单元格，单击“数据”选项卡“数据工具”选项组中的“合并计算”按钮，弹出“合并计算”对话框。

（2）将光标定位在“引用位置”处，选取合并计算的数据源“Sheet1!$A$1:$C$7”，单击“添加”按钮。

（3）重新将光标定位在“引用位置”处，选取另一部分合并计算的数据源“Sheet4!$A$1:$C$6”，再次单击“添加”按钮。

（4）合并计算参数的设置如图 3-88 所示。因为两部分数据的最左侧可以匹配，所以只选中“最左列”复选框。

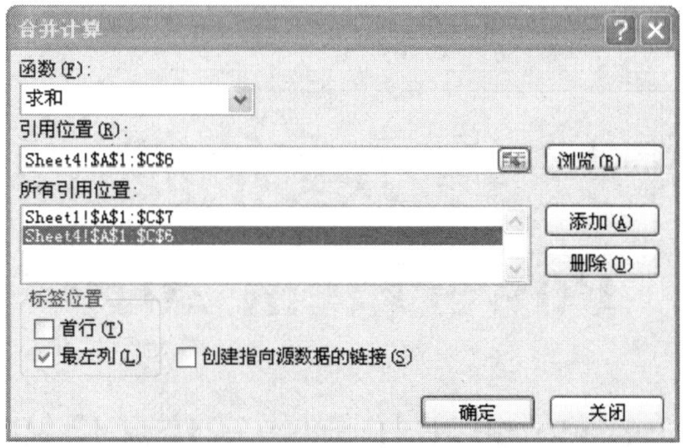

图 3-88　“合并计算”对话框

（5）单击“确定”按钮，合并计算结果如图 3-89 所示。

	A	B	C
1	商品名称		
2	铅笔	177	156
3	钢笔	35	180
4	橡皮	140	140
5	修正带	29	79
6	书皮	154	143
7	文具盒	40	110

图 3-89　合并计算结果

（6）以原文件名存盘。

注意：丢失的字段名手动补齐即可。

模块 4　演示文稿制作软件 PowerPoint 2010

任务 1　使用 PowerPoint 2010 制作宣传环保知识的演示文稿

实训要求

利用提供的素材创建一个宣传环保知识的演示文稿。

实训目的

1．掌握演示文稿的创建。
2．掌握改变幻灯片版式的方法。
3．学会移动与复制幻灯片。

实训内容

1．创建演示文稿

任务要求：创建一个空白的演示文稿，并保存。

操作步骤：

方法 1：启动 PowerPoint 2010 应用程序。启动的同时系统能自动创建一个空白演示文稿。

方法 2：单击“开始”选项卡“新建”选项组中的“新建”按钮，如图 4-1 所示。

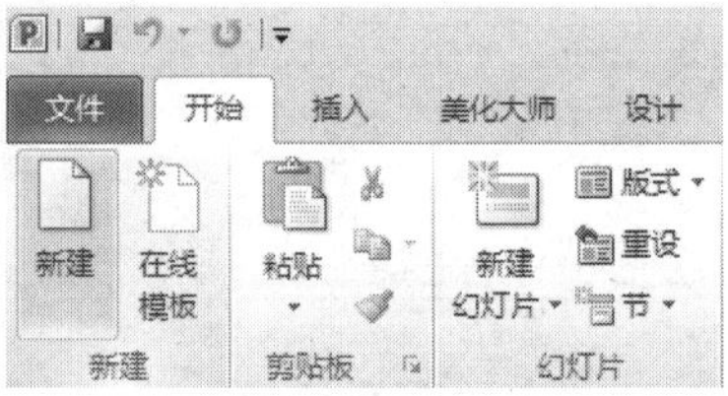

图 4-1　“新建”按钮

2．插入幻灯片

任务要求：在第 1 张幻灯片后插入 5 张幻灯片，并将 Word 文档中的内容按序号依次复制到每张幻灯片中。

操作步骤：

（1）在窗口左侧的“幻灯片”选项卡中第 1 张幻灯片之后的位置单击鼠标右键，在弹出的快捷菜单中选择“新建幻灯片”命令，如图 4-2 所示。这样就插入了 1 张幻灯片。按照以上操作，再插入 4 张幻灯片。

图 4-2　“新建幻灯片”命令

（2）打开 Word 文档，复制文档中序号 1 对应的内容，然后回到 PowerPoint 2010，并切换到第 1 张幻灯片，在其空白处单击鼠标右键，在弹出的快捷菜单中选择“粘贴”，将刚刚复制的内容粘贴到第 1 张幻灯片中。

3．调整幻灯片顺序

任务要求：将第 2 张幻灯片移动到演示文稿的末尾。

操作步骤：

（1）在左侧的“幻灯片”选项卡中选中第 2 张幻灯片。

（2）按住鼠标左键将其拖动至最后一张幻灯片下，然后松开鼠标，第 2 张幻灯片就调整到了最后。

4．应用幻灯片模板

任务要求：在演示文稿中应用素材文件夹中的设计模板“level.pot”。

操作步骤：

（1）单击“设计”选项卡“主题”选项组中的“其他”按钮，在打开的下拉列表中选择“浏览主题”命令，如图 4-3 所示。

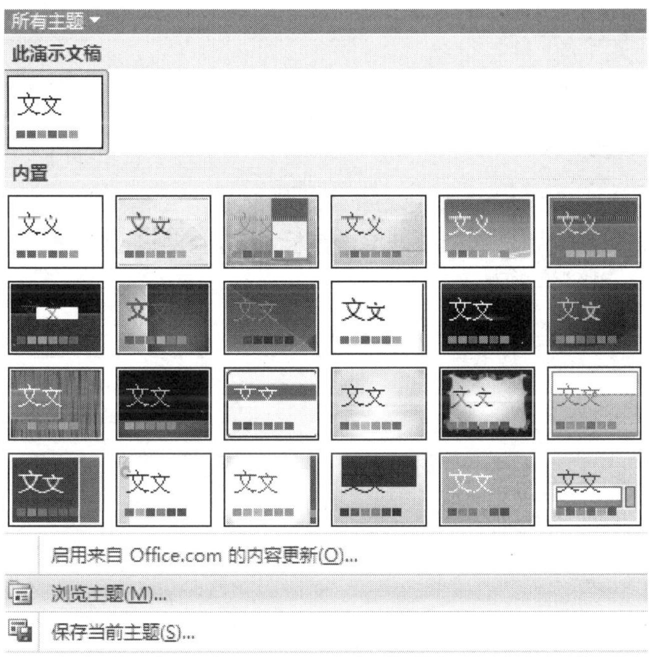

图 4-3　“浏览主题”命令

（2）在弹出的对话框中选中“level.pot”，单击“应用”按钮，模板更换成功。

5．修改幻灯片背景

任务要求：将第 3 张幻灯片的背景修改为“雨后初晴”。

操作步骤：

（1）在第 3 张幻灯片的空白处单击鼠标右键，在弹出的快捷菜单中选择“设置背景格式”命令，如图 4-4 所示。

（2）在弹出的“设置背景格式”对话框中，选中“渐变填充”单选按钮，再单击“预设颜色”下拉按钮，在打开的下拉列表中选择“雨后初晴”命令，单击“全部应用”按钮，如图 4-5 所示。

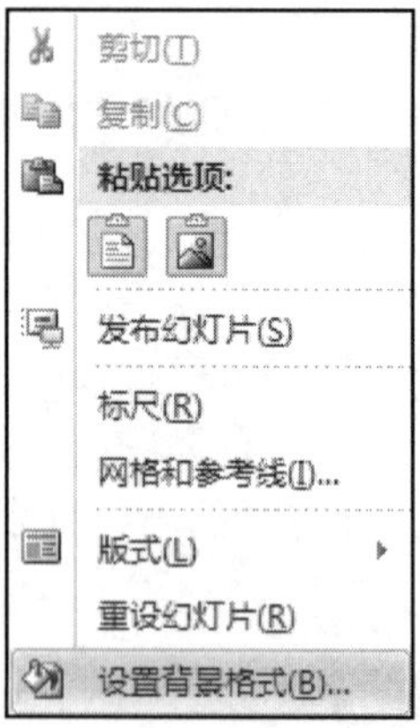

图 4-4　“设置背景格式”命令

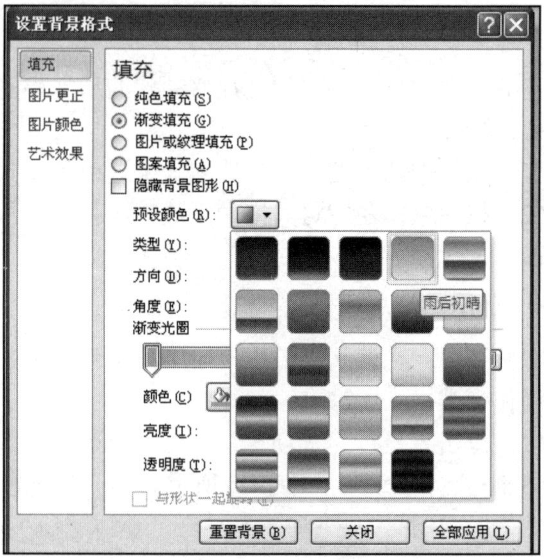

图 4-5　“设置背景格式”对话框

6．修改幻灯片版式

任务要求：将第 3 张幻灯片的版式改为“标题和内容”。

操作步骤：在第 3 张幻灯片的空白处单击鼠标右键，在弹出的快捷菜单中选择“版式”→“标题和内容”命令，如图 4-6 所示。

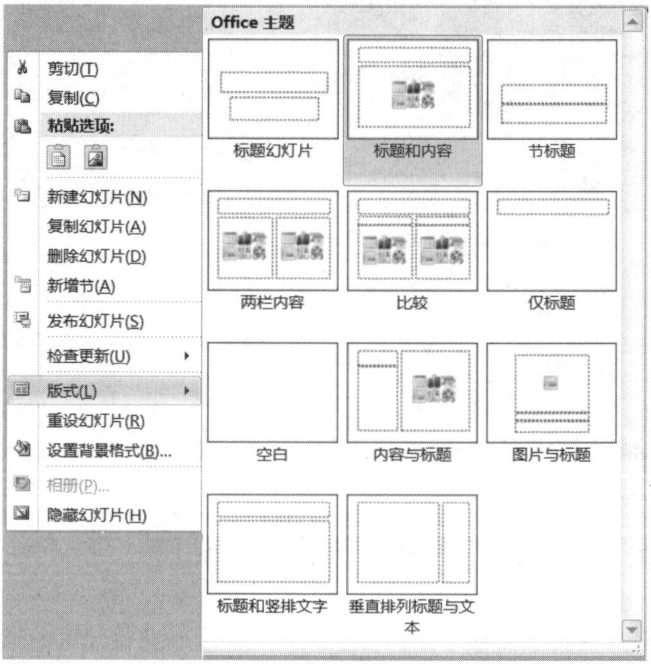

图 4-6　“版式”→“标题和内容”命令

7．插入表格

任务要求：在第 3 张幻灯片中插入一个表格。

操作步骤：

方法 1：将光标定位在第 3 张幻灯片的内容占位符中，单击“插入表格”图标，如图 4-7 所示。然后插入一个 5 行 4 列的表格。

方法 2：单击“插入”选项卡“表格”选项组中的“表格”按钮，利用打开的“插入表格”下拉列表插入一个 5 行 4 列的表格，如图 4-8 所示。

图 4-7　“插入表格”图标

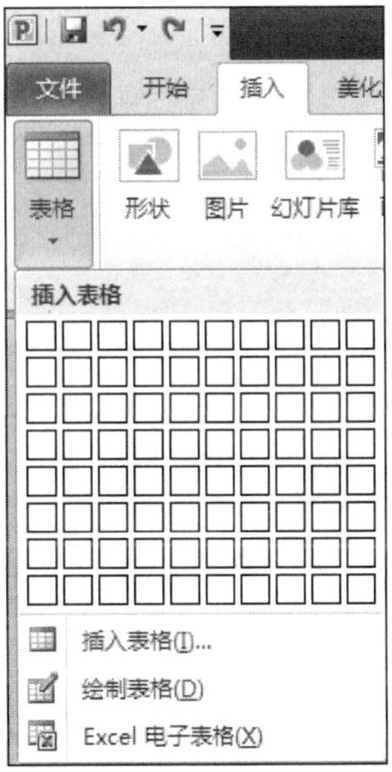

图 4-8　“插入表格”下拉列表

8. 插入超链接

任务要求：为第 2 张幻灯片中的小标题分别添加超链接，使标题与幻灯片相对应。

操作步骤：

（1）选中第 1 个小标题，单击鼠标右键，在弹出的快捷菜单中选择“超链接”命令。

（2）在弹出的“超链接设置”对话框中，单击“本文档中的位置”按钮，选择第 3 张幻灯片，单击“确定”按钮。

（3）再重复此步骤设置其余的超链接，使标题与幻灯片对应。

任务 2　为幻灯片添加动画

实训要求

为幻灯片添加动画。

实训目的

1. 掌握在幻灯片中使用多媒体对象的方法。
2. 掌握幻灯片切换方式的设置方法。
3. 掌握幻灯片动画的设置方法。

实训内容

1. 插入动作按钮

任务要求：在第 5 张幻灯片的右下角插入自定义动作按钮，单击该按钮时结束放映幻灯片。

操作步骤：

（1）单击“插入”选项卡“插图”选项组中的“形状”按钮，在打开的下拉列表中选择“动作按钮”→“自定义”命令，如图 4-9 所示。

（2）按住鼠标左键，在幻灯片中绘制大小恰当的图形后松开鼠标。在弹出的“动作设置”对话框中选择超链接到“结束放映”，单击“确定”按钮，如图 4-10 所示。

图 4-9 “形状”下拉列表

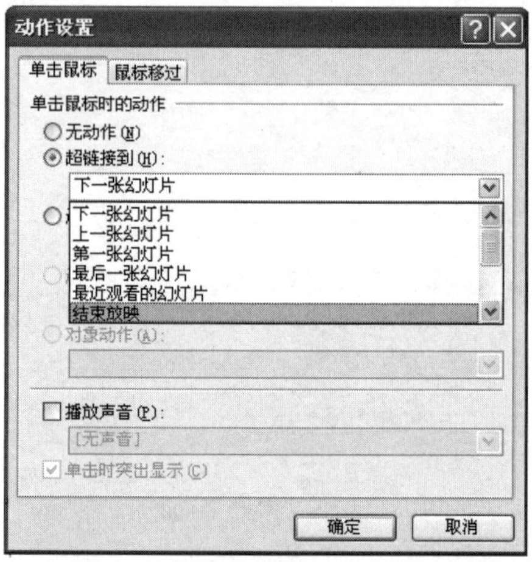

图 4-10 “动作设置”对话框

相关知识：幻灯片的动作按钮实际上是一组特殊的“形状”。动作按钮上可以添加超链接和其他鼠标动作。例如为动作按钮添加播放声音、打开文件、幻灯片翻页等动作。

2. 插入音频（声频）

任务要求：在第 1 张幻灯片中插入背景音乐“star.mid”，并要求背景音乐在幻灯片放映完毕时结束播放。

操作步骤：

（1）单击“插入”选项卡“媒体”选项组中的“音频”按钮，在打开的下拉列表中选择“文件中的音频”命令，如图 4-11 所示。

（2）在弹出的“插入音频”对话框中选中“star.mid”文件，单击“插入”按钮。

（3）选中“音频工具—播放”选项卡中的“循环播放，直到停止”复选框，如图 4-12 所示。

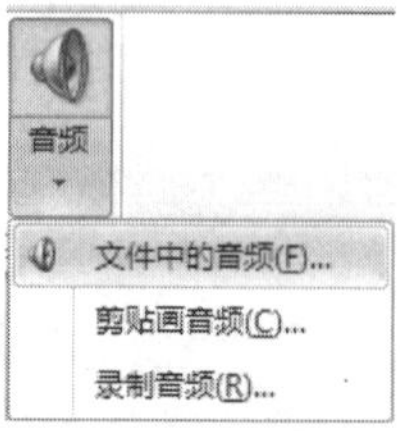

图 4-11 “音频”下拉列表

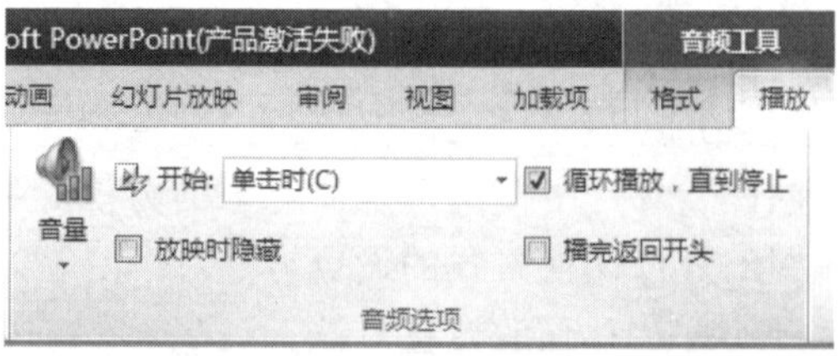

图 4-12 “音频工具—播放”选项卡

3. 设置幻灯片切换

任务要求：设置所有幻灯片的切换效果为“百叶窗”“慢速”“每隔 5 秒”。

操作步骤：

（1）单击“切换”选项卡“切换到此幻灯片”选项组中的“百叶窗”按钮，如图 4-13 所示。

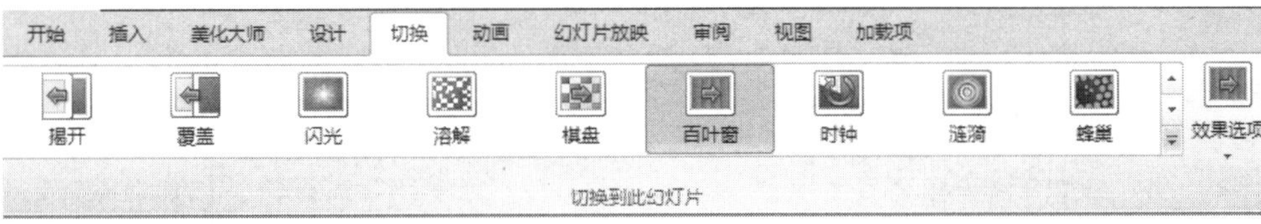

图 4-13 “切换”选项卡

（2）选中“切换”选项卡“计时”选项组中的“设置自动换片时间”复选框，并在其文本框中将时间设置为 5 秒，最后单击“全部应用”按钮，如图 4-14 所示。

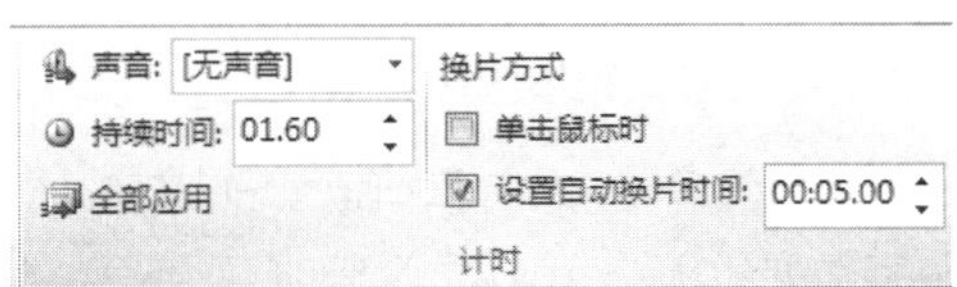

图 4-14 “计时”选项组

4. 设置动画效果

任务要求：为第 1 张幻灯片中的图片添加“缩放”动画效果。

操作步骤：选中幻灯片中的图片，单击“动画”选项卡“动画”选项组中的“其他”按钮，在打开的下拉列表中选择“进入”效果中的“缩放”动画，如图 4-15 所示。

图 4-15 “动画”下拉列表

5. 设置动画运动方向

任务要求：将“缩放”动画效果设置为从屏幕中心放大。

操作步骤：单击“动画”选项卡“动画”选项组中的“效果选项”按钮，在打开的下拉列表中选择“幻灯片中心”命令，如图 4-16 所示。

6．设置动画开始时间

任务要求：设置动画的开始时间为上一个动画播放结束之后延迟 1 秒。

操作步骤：单击“动画”选项卡“计时”选项组中的“开始”下拉按钮，在打开的如图 4-17 所示的下拉列表中选择“上一动画之后”命令，再将延迟时间设置为 1 秒。

图 4-16 “效果选项”下拉列表

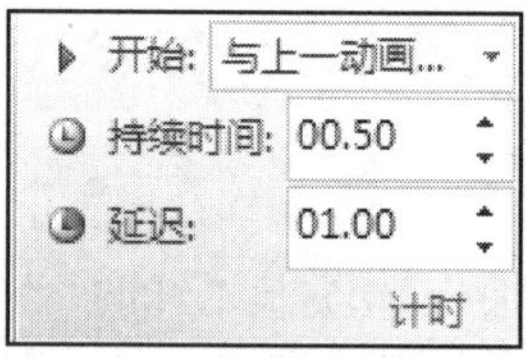

图 4-17 “计时”选项组

注意：动画的默认开始方式为“单击时”，如果单击“开始”下拉按钮，则会打开包括“与上一动画同时”和“上一动画之后”命令的下拉列表。如果选择“与上一动画同时”命令，那么此动画就会和同一张幻灯片中的上一个动画同时出现（包含过渡效果在内）；如果选择“上一动画之后”命令，就表示上一个动画结束后再按设置时间出现下一个动画。

7．设置动画的其他效果

任务要求：将动画设置为播放后不变暗。

操作步骤：单击“动画”选项卡“动画”选项组中的“显示其他效果选项”按钮，在弹出的“缩放”对话框中设置动画播放后不变暗，单击“确定”按钮，如图 4-18 和图 4-19 所示。

图 4-18 “显示其他效果选项”按钮

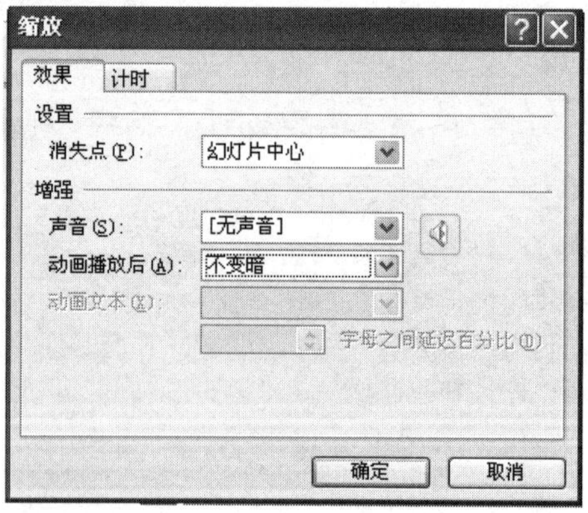

图 4-19 “缩放”对话框

任务 3 设置幻灯片的主题和母版

实训要求

设置幻灯片的主题和母版。

实训目的

1. 掌握幻灯片主题的意义和使用方法。
2. 掌握幻灯片母版的作用和设置方法。

实训内容

1. 设置幻灯片的主题

任务要求：将幻灯片的主题设置为“暗香扑面”。

操作步骤：

（1）单击“设计”选项卡“主题”选项组中的“其他”按钮，如图 4-20 所示，在打开的下拉列表中选择“暗香扑面”命令，如图 4-21 所示。

图 4-20　“设计”选项卡

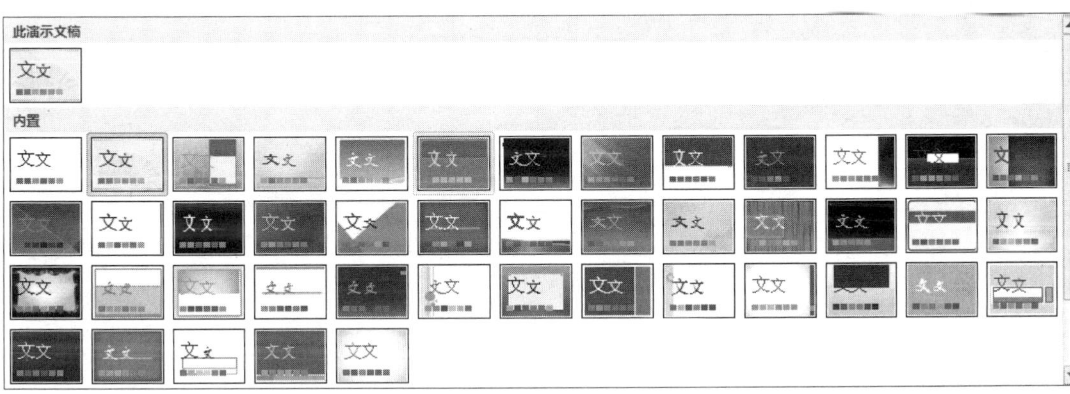

图 4-21　“主题”下拉列表

（2）单击“设计”选项卡“主题”选项组中的“字体”按钮，在打开的下拉列表中选择“Office 经典”命令。

（3）单击“设计”选项卡“主题”选项组中的“效果”按钮，在打开的下拉列表中选择“跋涉”命令。

注意：如果只应用于一张幻灯片，则在所选主题处单击鼠标右键，在弹出的快捷菜单中选择应用范围。

2. 设置幻灯片的母版

任务要求：将幻灯片母版左下角的日期删除。

操作步骤：单击“视图”选项卡“母版视图”选项组中的“幻灯片母版”按钮，显示幻灯片母版，同时打开“幻灯片母版”选项卡，选中左下角的日期文本框，如图 4-22 所示，按 Backspace 键将其删除。

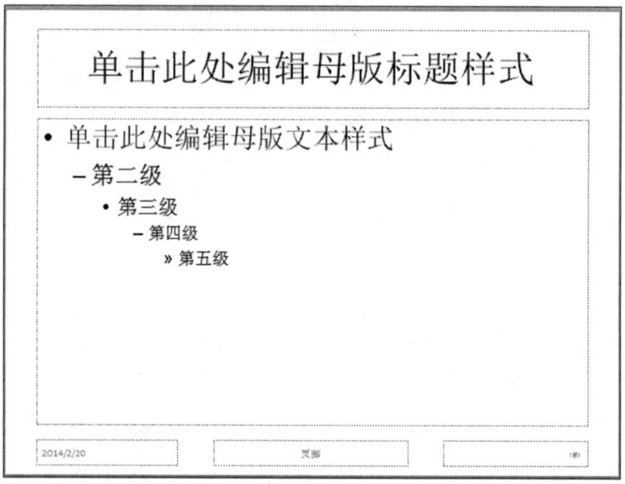

图 4-22　幻灯片母版

模块 5　浏览网页与收发电子邮件

任务 1　使用网络查找帮扶老人的相关资料

实训要求

打开百度主页，搜索“帮扶老人指南”，下载并保存搜索结果，并将百度主页设置为浏览器主页，同时将百度主页加入浏览器的收藏夹。

实训目的

1．掌握浏览器的使用方法。
2．掌握搜索引擎的使用方法。

实训内容

1．打开网页

任务要求：启动 Internet Explorer（IE）浏览器，并浏览百度主页。

操作步骤：

（1）双击桌面上的 IE 图标或选择“开始”→“Internet Explorer”命令，打开 IE 浏览器。

（2）在浏览器的地址栏中输入“www.baidu.com”，然后按 Enter 键，进入百度主页，如图 5-1 所示。

图 5-1　百度主页

2. 设置浏览器主页

任务要求：将百度主页设置为浏览器主页。

操作步骤：

（1）选择“工具”→“Internet 选项”命令，弹出“Internet 选项”对话框。

（2）在“常规”选项卡的“主页”项中单击“使用当前页”按钮，将百度设置为主页，单击“确定”按钮，如图 5-2 所示。

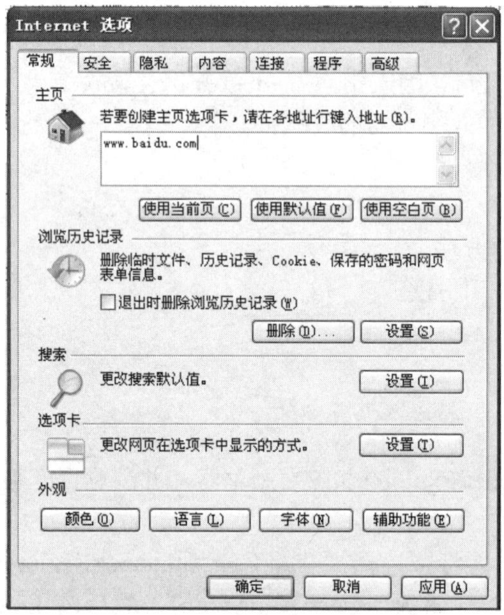

图 5-2　“Internet 选项”对话框

注意：主页又称首页或起始页，就是用户在运行浏览器后首先显示的页面。通常，浏览器主页为空白页或用户常用的页面。

3. 收藏网页

任务要求：将百度主页添加到浏览器的收藏夹。

操作步骤：

（1）浏览百度主页，然后单击浏览器工具栏上的☆按钮。

（2）在打开的窗格中单击“添加到收藏夹”按钮，打开“添加收藏”对话框，单击“添加”按钮，如图 5-3 所示。

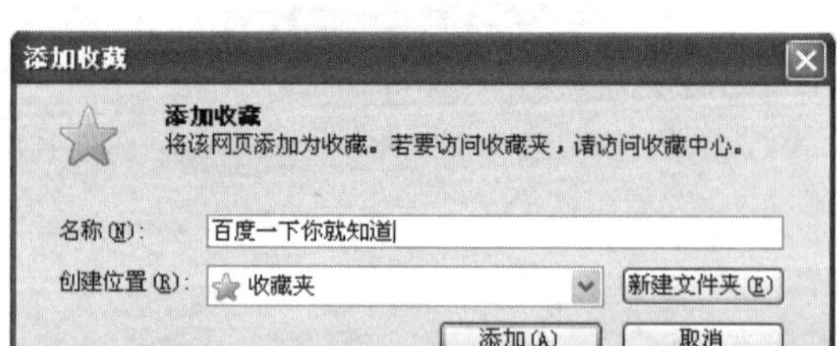

图 5-3　“添加收藏”对话框

注意：收藏夹可以保存网址的快捷方式。在浏览网页时，遇到感兴趣的网页或经常浏览的网页，可将其收藏起来方便下次查看。

4．利用关键字搜索资料

任务要求：利用百度搜索“帮扶老人指南”。

操作步骤：

（1）在搜索框中输入要查找的关键字“帮扶老人指南”。

（2）单击“百度一下”按钮，如图 5-4 所示。

图 5-4　百度搜索界面

5．下载网页图片

任务要求：将浏览到的图片保存到 Document 文件夹中。

操作步骤：

（1）在图片上单击鼠标右键，在弹出的快捷菜单中选择“图片另存为”命令，如图 5-5 所示。

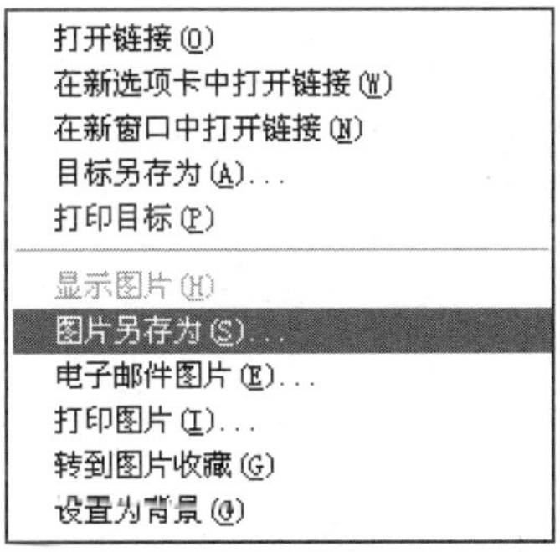

图 5-5　“图片另存为”命令

（2）在弹出的“另存为”对话框中选择保存到 Document 文件夹中，单击“保存”按钮。

6．下载文件

任务要求：下载“帮扶老人指南.doc”。

操作步骤：

（1）在下载目标上单击鼠标右键，在弹出的快捷菜单中选择“目标另存为”命令，如图 5-6 所示。

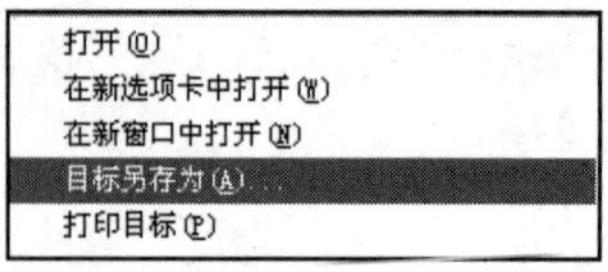

图 5-6　“目标另存为”命令

（2）在弹出的“另存为”对话框中选择保存到 Document 文件夹中，单击“保存”按钮。

7．保存网页

任务要求：将搜索结果页保存到 Document 文件夹中，文件名为“帮扶老人指南.html”。

操作步骤：

（1）选择“文件”→“另存为”命令，如图 5-7 所示。

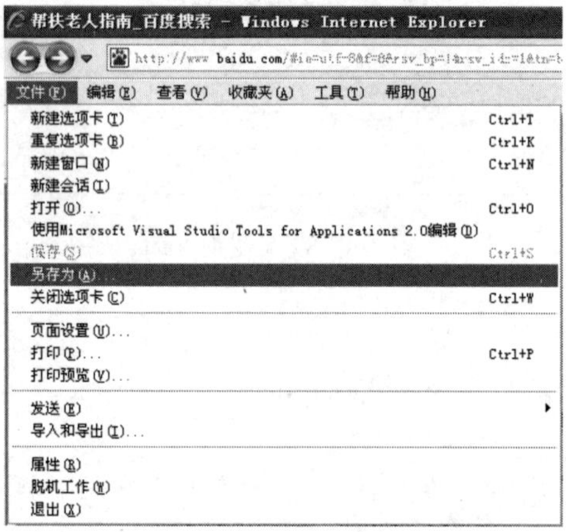

图 5-7　“另存为”命令

（2）在打开的“另存为”对话框中将文件名改为“帮扶老人指南”，将保存类型改为“html”，选择保存到 Document 文件夹中，单击“保存”按钮。

任务 2　发送电子邮件

实训要求

将下载到的“帮扶老人指南.doc”发送给 xiaozhang@live.com，并抄送给 xiaowang@126.com。

实训目的

1．掌握使用 Outlook 收发电子邮件的方法。

2．掌握在电子邮件中添加附件的方法。

实训内容

1．创建电子邮件

任务要求：创建一封电子邮件。

操作步骤：

（1）单击“开始”选项卡“新建”选项组中的“新建电子邮件”按钮。

（2）打开“邮件”窗口，如图 5-8 所示，即创建了一封空白电子邮件。

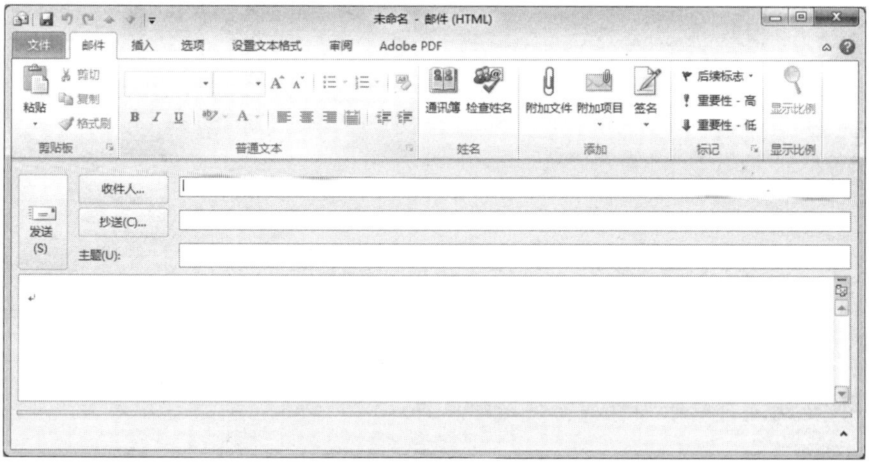

图 5-8　“邮件”窗口

2. 添加收件人

任务要求：添加收件人的电子邮件地址 xiaozhang@live.com。

操作步骤：在“收件人”文本框中输入邮件地址 xiaozhang@live.com，如图 5-9 所示。

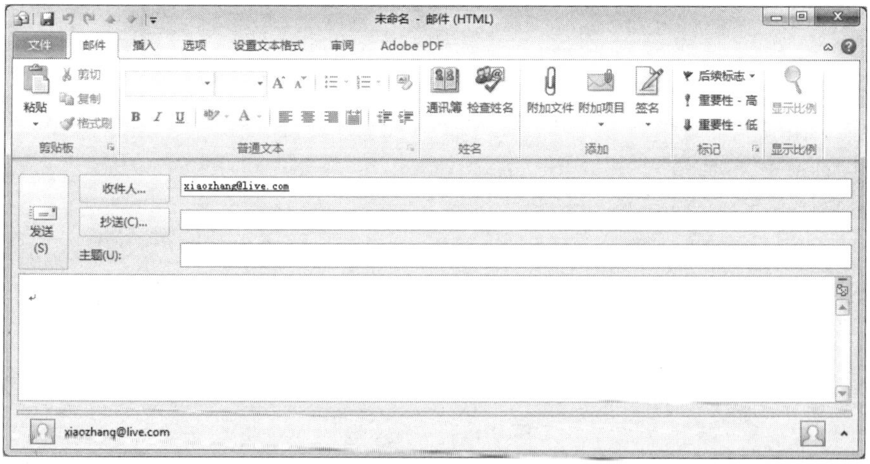

图 5-9　添加收件人

注意：需要添加多个收件人时，使用分号（;）分隔，即在每两个电子邮件地址之间添加分号。

3. 添加抄送人

任务要求：添加抄送人的电子邮件地址 xiaowang@126.com。

操作步骤：在“抄送”文本框中输入邮件地址 xiaowang@126.com，如图 5-10 所示。

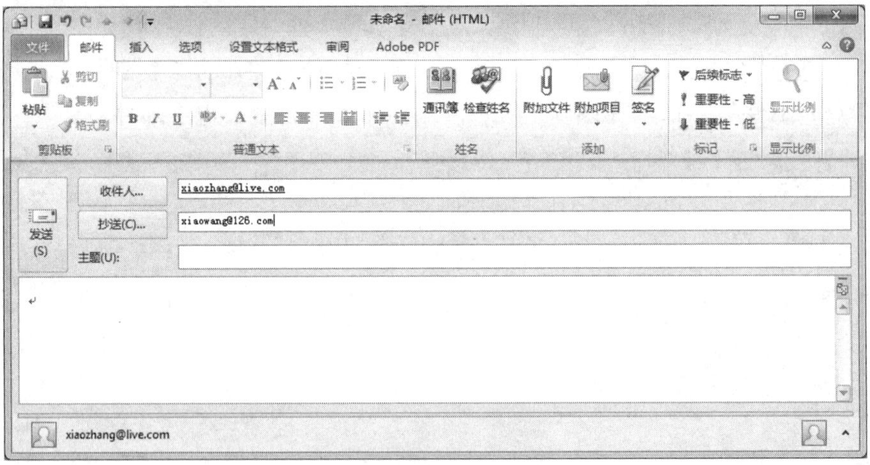

图 5-10　添加抄送人

注意：抄送就是将电子邮件同时发送给收件人以外的人，对方可以看见发件人的电子邮件地址。

4．添加主题

任务要求：添加电子邮件的主题“帮扶老人指南”。

操作步骤：在“主题”文本框中输入“帮扶老人指南”，如图 5-11 所示。

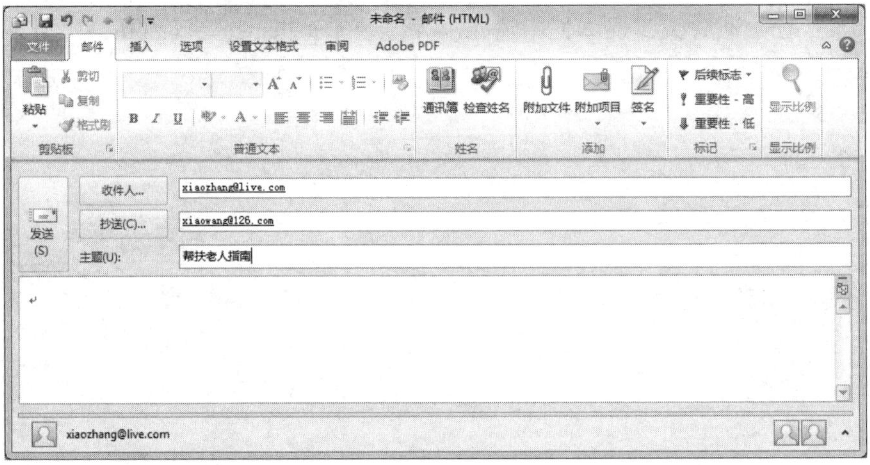

图 5-11　添加主题

5．添加内容

任务要求：添加电子邮件的内容。

操作步骤：在邮件内容文本框中输入“邮件内容详见附件”，如图 5-12 所示。

6．添加附件

任务要求：添加附件“帮扶老人指南.doc”。

操作步骤：

（1）单击“邮件”选项卡“添加”选项组中的“附加文件”按钮，如图 5-13 所示。

（2）在弹出的“插入文件”对话框中找到文件“帮扶老人指南.doc”，选中后单击“插入”按钮。

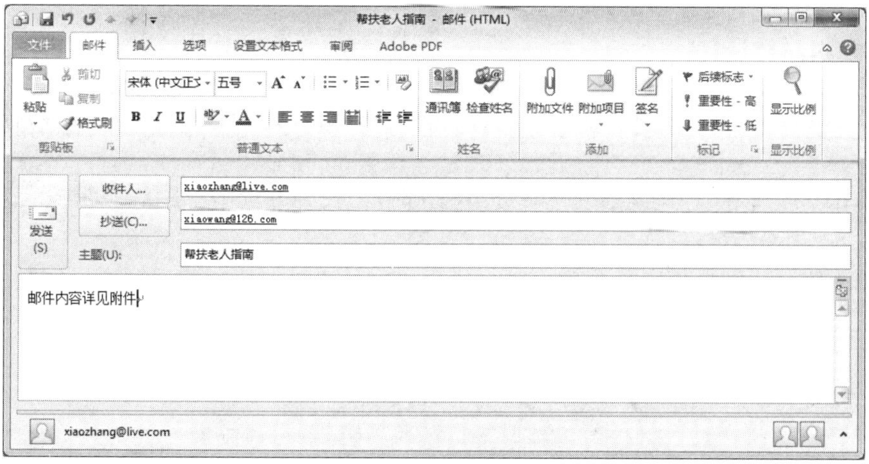

图 5-12 添加内容

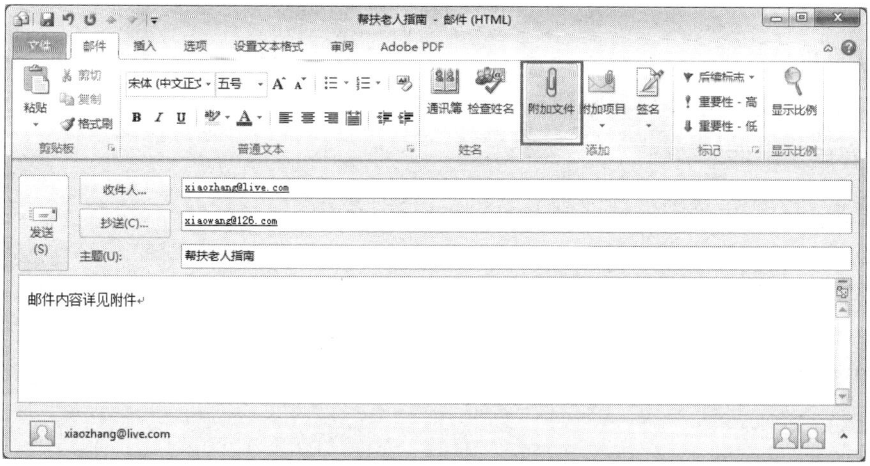

图 5-13 “附加文件”按钮

7．发送邮件

任务要求：发送邮件。

操作步骤：单击“发送”按钮。

任务 3 接收、回复、转发、删除电子邮件

实训要求

回复收到的电子邮件，然后将电子邮件转发到 xiaozhang@live.com，最后删除电子邮件。

实训目的

1．掌握回复、转发电子邮件的方法。

2．掌握删除电子邮件的方法。

实训内容

1．下载附件

任务要求：下载并保存收件箱中主题为“帮扶老人指南”的电子邮件中的附件。

操作步骤：

（1）单击“收件箱”，浏览收件箱中的电子邮件，找到并选中主题为“帮扶老人指南”的电子邮件。

（2）单击附件，则显示附件内容，同时出现“附件工具—附件”选项卡，如图 5-14 所示。

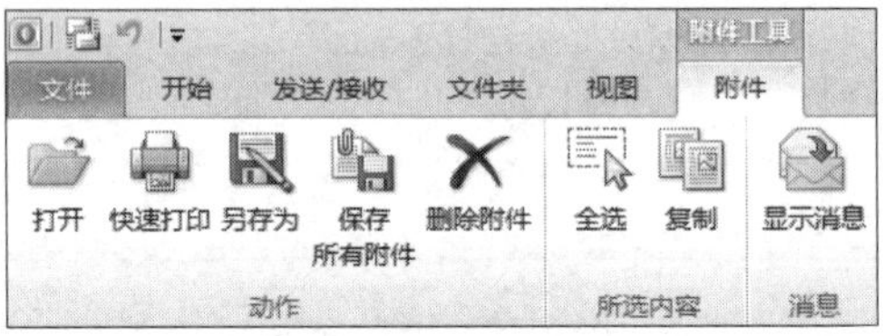

图 5-14 “附件工具—附件”选项卡

（3）单击“附件工具—附件”选项卡“动作”选项组中的“另存为”按钮，用户可在打开的“保存附件”对话框中保存附件。

2．保存电子邮件

任务要求：将该电子邮件保存到 Document 文件夹中。

操作步骤：

（1）单击“收件箱”，浏览收件箱中的电子邮件，找到并选中主题为“帮扶老人指南”的电子邮件。

（2）单击“文件”菜单按钮，在打开的菜单中选择“保存”命令即可保存电子邮件。

3．回复电子邮件

任务要求：回复收件箱中主题为“帮扶老人指南”的电子邮件。

操作步骤：

（1）单击“收件箱”，浏览收件箱中的电子邮件，找到并选中主题为“帮扶老人指南”的电子邮件。

（2）单击“邮件”选项卡“响应”选项组中的“答复”按钮，打开“答复邮件”对话框。

（3）在邮件内容文本框中输入邮件内容，最后发送电子邮件。

4．转发邮件

任务要求：将收件箱中主题为“帮扶老人指南”的电子邮件转发给 xiaozhang@live.com。

操作步骤：

（1）单击“收件箱”，浏览收件箱中的电子邮件，找到并选中主题为“帮扶老人指南”的电子邮件。

（2）单击“邮件”选项卡“响应”选项组中的“转发”按钮，打开“转发邮件”对话框。

（3）在“收件人”文本框中输入收件人的电子邮件地址 xiaozhang@live.com，最后发送电子邮件。

5．删除邮件

任务要求：删除收件箱中主题为“帮扶老人指南”的电子邮件。

操作步骤：

（1）单击“收件箱”，浏览收件箱中的电子邮件，找到并选中主题为“帮扶老人指南”的电子邮件。

（2）单击“邮件”选项卡“删除”选项组中的“删除”按钮，邮件即被移到“已删除邮件”中。

（3）如果需要彻底删除邮件，还需要进入“已删除邮件”，再次删除此封邮件，方法与在收件箱中删除邮件相同。

模块 6　信息技术基础应用

任务 1　新一代信息技术练习题

1．信息（　　）。

A．是形成知识的基础　　B．是数据的基础

C．是经过加工的数据　　D．具有完全性

2．数据（　　）。

A．就是信息　　B．经过解释成为信息

C．必须经过加工才成为信息　　D．不经过加工也可以成为信息

3．以下各项应用了信息技术的是（　　）。

①三维动画游戏　②网上购物　③电子邮件　④手机　⑤将文字和语音输入计算机

A．①③④　　B．②③④⑤　　C．①②③⑤　　D．①②③④⑤

4．小明收到同学聚会的请柬时，同学聚会已经结束，小明因此错过了相聚的时间，没能见到同学。这件事情主要体现了信息具有（　　）。

A．共享性　　B．真伪性　　C．载体依附性　　D．时效性

5．信息发出后可以借助载体以相对独立的形式进行运动。这一特性反映的是信息的（　　）。

A．可加工性　　B．可共享性　　C．可传输性　　D．时滞性

6．现代管理的核心是决策，决策的基础是信息，管理信息是信息的重要组成部分。以下有关管理信息的特点描述错误的是（　　）。

A．信息量大　　B．信息来源面广

C．信息的可存储性　　D．信息资源的非消耗性

7．下面不属于信息技术的典型应用的是（　　）。

A．传感技术　　B．网络技术　　C．燃料电池技术　　D．通信技术

8．信息活动的几个方面可概括为（　　）。

A．收集、加工、存储、传递　　B．收集、加工、处理、提取

C．收集、整理、加工、分析　　D．收集、处理、提取、整理

9．推动大数据发展的技术基础是（　　）。

A．物联网　　B．云计算　　C．分布式计算　　D．以上都是

10．大数据分析的数据来源主要是（　　）。

A．各类传感器收集的数据　　B．网络浏览记录

C．电子交易数据　　D．以上都是

11．目前大数据应用的主要推动者是（　　）。

A．政府　　B．科研院所　　C．传统企业　　D．互联网企业

12．大数据已在（　　）行业应用。

A．医疗　　B．金融　　C．商业零售　　D．以上都是

13.（ ）是人类发展移动互联网的长期愿景。

A. 数据收集 B. 移动办公 C. 智能决策 D. 机器智能化

14. 在（ ）时代，人类摆脱了工作场地的束缚，可以在任何时间、任何地点工作。

A. 早期原始社会和农耕社会 B. 工业社会

C. 桌面互联网 D. 移动互联网

15. 智能设备的联网系统化可以在（ ）方面提升效率。

A. 网络优化、维护优化 B. 机器学习

C. 系统恢复 D. 以上都是

16. 移动互联网的发展将技术要素的中心从原子转向（ ）。

A. 分子 B. 细胞 C. 电子 D. 比特

17. 在移动互联网时代，将人类生产各种要素连接在一起的是（ ）。

A. 电力等能源 B. 智能终端 C. 应用软件 D.无处不在的网络

18. 移动互联可在（ ）领域改善低收入国家人民的生活状况。

A. 教育 B. 医疗 C. 金融 D. 以上都是

19. 3D 打印文件的扩展名是（ ）。

A. stl B. sal C. sae D. rat

20. 下列各项产品仅使用 3D 打印技术无法制作完成的是（ ）。

A. 首饰 B. 服装 C. 假牙 D. 手机

21. 下列关于 3D 打印技术的描述中，错误的是（ ）。

A. 多用于工业领域，尼龙、石膏、金属、塑料等材料均能打印

B. 为快速成型技术，打印十分迅速，成型往往仅需要几分钟的时间

C. 起源于 20 世纪 80 年代，至今不过三四十年的历史

D. 是一种以数字模型文件为基础，通过逐层打印的方式来构造物体的技术

22. 下列对于 3D 打印特点的描述中，不恰当的是（ ）。

A. 对复杂性无敏感度，只要有合适的三维模型均可以打印

B. 对材料无敏感度，任何材料均能打印

C. 适合制作少量的个性化定制物品，对于批量生产优势不明显

D. 虽然技术在不断改善，但强度与精度和部分传统工艺相比仍有差距

23. 3D 打印技术在建筑行业的应用中，目前使用最广泛的领域是（ ）。

A. 建筑材料的生产 B. 建筑装饰品和建筑模型的生产

C. 建筑机械的生产 D. 整体建筑物的建造

24. 以下各项不是 3D 打印技术的优点的是（ ）。

A. 产品多样化不增加成本 B. 技术要求低

C. 制造复杂物品不增加成本 D. 减少废弃副产品

25. 各种各样的 3D 打印机中，精度高、效率高、售价也相对高的是（ ）。

A. 工业级 3D 打印机 B. 个人级 3D 打印机

C. 桌面级 3D 打印机 D. 专业级 3D 打印机

26. 以下各项不是 3D 打印技术需要解决的问题的是（ ）。

A. 3D 打印的耗材 B. 知识产权的保护

C. 增加产权的保护 D. 3D 打印机的操作技能

27．以下各项不是3D打印技术在航空航天领域得到广泛应用的原因的是（　　）。

A．生产效率更高

B．能在不降低机体强度的前提下减轻飞机质量

C．可生产结构更复杂的零件

D．技术要求更低

28．以下各项是使用激光技术相对较多的3D打印技术的是（　　）。

A．光固化成型（SLA）　　B．熔积成型（FDM）

C．三维打印快速成型（3DP）　　D．分层实体成型（LOM）

29．以下选项中，（　　）领域是目前计算机科学与应用中的热点研究领域之一。

A．信息处理　　B．人工智能　　C．过程控制　　D．辅助设计

30．云计算的服务不包括（　　）。

A．基础设施即服务（IaaS）　　B．平台即服务（PaaS）

C．软件即服务（SaaS）　　D．容器即服务（CaaS）

任务2　计算机基础与操作系统练习题

1．计算机硬件不包括（　　）。

A．CPU　　B．显示器　　C．操作系统　　D．存储器

2．计算机软件包括（　　）。

A．程序　　B．数据　　C．有关文档资料　　D．以上都是

3．要在桌面上创建setup.exe快捷方式，下列操作可以实现的是（　　）。

A. 在桌面上单击鼠标右键，在弹出的快捷菜单中选择“新建”→“快捷方式”→“setup.exe”命令

B．搜索文件→打开文件所在位置→创建快捷方式→将快捷方式移动到桌面

C．搜索文件→创建快捷方式→打开文件所在位置→将快捷方式移动到桌面

D．以上都可以

4．下列配置的计算机，在价格相同的情况下，性价比最高的是（　　）。

A．CPU主频2.9GHz；12GB内存；512GB机械硬盘；独立显卡

B．CPU主频2.9GHz；12GB内存；256GB固态硬盘；核心显卡

C．CPU主频2.7GHz；8GB内存；1TB机械硬盘；核心显卡

D．CPU主频2.9GHz；12GB内存；512GB固态硬盘；独立显卡

5．粘贴的快捷键是（　　）。

A．Ctrl+C　　B．Ctrl+V　　C．Ctrl+S　　D．Ctrl+W

6．将文件设置为只读后，则（　　）。

A．不能修改名称　　B．不能修改内容

C．不能修改名称和内容　　D．不能打开

7．下列关于文件名的描述中，说法正确的是（　　）。

A．在一个文件夹内，文件名为AB和ab的文件可以同时存在

B．可以使用汉字文件名

C．给一个文件命名时不可以使用通配符，但在同时给一批文件命名时可以使用

D．给一个文件命名时，必须使用扩展名

8．在 Windows 7 的“资源管理器”窗口中，新建文件夹的正确做法是（　　）。

A．单击鼠标左键，在弹出的快捷菜单中选择“新建”→“文件夹”命令

B．单击鼠标右键，在弹出的快捷菜单中选择“新建”→“文件夹”命令

C．双击鼠标左键，在弹出的快捷菜单中选择“新建”→“文件夹”命令

D．三击鼠标左键，在弹出的快捷菜单中选择“新建”→“文件夹”命令

9．利用 Windows 7 的“搜索”功能查找文件时，下列说法正确的是（　　）。

A．要求被查找的文件必须是文本文件

B．根据日期查找时，必须输入文件的最后修改日期

C．根据文件名查找时，至少需要输入文件名的一部分或通配符

D．被用户设置为隐藏的文件，只要符合查找条件，在任何情况下都将被找出来

10．下列关于创建快捷方式的操作中，错误的是（　　）。

A．用鼠标右键单击对象，在弹出的快捷菜单中选择“创建快捷方式”命令

B．按住 Alt 键拖动对象

C．用鼠标右键拖动对象，在弹出的快捷菜单中选择“在当前位置创建快捷方式”命令

D．按住 Alt+Shift 组合键拖动对象

11．一个文件夹中已有文本文档 ABC，若在该文件夹中创建 ABC 文件夹，则（　　）。

A．弹出无法操作对话框　　B．提示是否替换

C．弹出是否替换对话框　　D．不会有任何提示，直接创建 ABC 文件夹

12．文件的类型可以根据（　　）来识别。

A．文件的大小　　B．文件的用途

C．文件的扩展名　　D．文件存放的位置

13．回收站里的文件或文件夹（　　）。

A．既能恢复，又能永久性删除　　B．只能恢复，不能永久性删除

C．只能删除，不能恢复　　D．既不能恢复，又不能永久性删除

14．下列关于文件扩展名的描述中，说法正确的是（　　）。

A．文件可以没有扩展名　　B．文件扩展名可以隐藏

C．文件扩展名不能隐藏　　D．修改了文件扩展名，就改变了文件的类型

15．在当前盘的某个文件夹中存放有文件“第 1 章 信息技术基础知识.docx”，现利用“查找”命令查找该文件，在“查找”对话框的“名称”文本框中应输入（　　）。

A．信息技术*.docx　　B．*信息技术*.docx

C．信息技术?.docx　　D．?信息技术?.docx

16．在 C 盘上存有一个文件，文件保存路径为 C:\USER\DOCXX\My.docx，现需在桌面上建立该文档的快捷方式，可采用的操作是，用鼠标右键单击 My.docx 文件，在弹出的快捷菜单中选择（　　）命令。

A．“新建”　　B．“创建快捷方式”

C．“发送到”→“桌面快捷方式”　　D．“属性”

17．剪贴板中临时存放（　　）。

A．被删除的文件的内容　　B．用户曾进行的操作序列

C．被复制或剪切的内容　　D．文件的格式信息

18．在 Windows 7 中，通过（　　）可以卸载程序。

A．“控制面板”窗口的“外观和个性化”选项

B．“控制面板”窗口的“程序”选项

C．“控制面板”窗口的“系统和安全”选项

D．删除桌面图标

19．在 Windows 7 中，当一个应用程序窗口被最小化后，该应用程序（　　）。

A．被转入后台执行　　B．被暂停执行

C．被终止执行　　D．继续在前台执行

20．在 Windows 7 的中文标点符号输入状态下，按（　　）键可以输入中文标点符号中的顿号。

A．~　　B．&　　C．\　　D．、

任务 3　Word 文字处理练习题

1．Word 2010 是（　　）。

A．操作系统　　B．数据库管理系统

C．文字处理软件　　D．通信软件

2．Word 2010 生成的文件的扩展名默认为（　　）。

A．docx　　B．dot　　C．txt　　D．rtf

3．将文档中的一部分内容复制到别处，首先要进行的操作是（　　）。

A．复制　　B．粘贴　　C．选中　　D．剪切

4．关于在 Word 2010 中选中文本的叙述，正确的是（　　）。

A．只能使用鼠标　　B．既能使用鼠标，又能使用键盘

C．只能使用键盘　　D．不能使用键盘

5．在 Word 2010 中不能直接进行的操作是（　　）。

A．生成超文本　　B．图文混排

C．编辑表格　　D．浏览 WWW 网站

6．在 Word 文档中，每个段落都有自己的段落标记。段落标记的位置在（　　）。

A．段落的起始位置　　B．段落的中间位置

C．段落的尾部　　D．每行的行尾

7．将文件“我的文档.docx”改为“我的文档.xlsx”，则（　　）。

A．只能用 Excel 打开　　B．用 Word、Excel 都不能打开

C．文件损坏，无法打开　　D．仍然可以用 Word 打开

8．想用 Word 2010 新建 Word 文档，下列方法错误的是（　　）。

A．选择“开始”菜单中的 Word 启动程序

B．单击“文件”菜单按钮，在弹出的菜单中选择“新建”→“Word 文档”命令

C．在文件夹空白处单击鼠标右键，在弹出的快捷菜单中选择“新建 Word 文档”命令

D．在桌面双击 Word 启动程序

9．在 Word 中，格式刷的作用是（　　）。

A．复制文本　　B．复制图形　　C．复制文本和格式　　D．复制格式

10. 将 Word 文档的连续两段合并成一段可使用（　　）键。

A. Ctrl　　B. Delete　　C. Enter　　D. Esc

11. 打开一个文档，编辑后进行保存操作，则该文档（　　）。

A. 被保存在原文件夹下　　B. 可以保存在已有其他文件夹下

C. 可以保存在新建文件夹下　　D. 保存后文档被关闭

12. 在 Word 中，段落格式化设置不包括（　　）。

A. 首行缩进　　B. 文字大小　　C. 行间距　　D. 居中对齐

13. 如果用户想保存一个正在编辑的文档，但希望以不同文件名存储，可用（　　）命令。

A. 保存　　B. 另存为　　C. 比较　　D. 限制编辑

14. 选择纸张大小，可以在（　　）选项卡的功能区中进行设置。

A. "开始"　　B. "插入"　　C. "页面布局"　　D. "引用"

15. 在 Word 中，字体格式化设置不包括（　　）。

A. 行间距　　B. 文字大小　　C. 字体和字形　　D. 文字颜色

16. 在 Word 2010 编辑状态下，若将文档标题文字设置为黑体，则首先应（　　）。

A. 单击功能区中的"B"按钮

B. 选择"格式"→"字体"命令

C. 选中标题

D. 单击功能区中的"字体"下拉按钮

17. 在 Word 2010 的表格编辑中，不能进行的操作是（　　）。

A. 旋转单元格　　B. 插入单元格　　C. 删除单元格　　D. 合并单元格

18. 在 Word 2010 的图文混排编辑中，不能进行的操作是（　　）。

A. 插入对象　　B. 插入文本框　　C. 修改图像　　D. 插入图文框

19. 退出 Word 后，剪贴板中的内容（　　）。

A. 立即消失　　B. 保留在剪贴板中

C. 再次启动 Word 后才能被使用　　D. 保留在剪贴板中，但不能被粘贴

20. 在 Word 2010 中，通过"页面设置"选项组中的按钮可以对页边距、纸张大小等进行设置。"页面设置"选项组可在（　　）选项卡中找到。

A. "开始"　　B. "插入"　　C. "页面布局"　　D. "视图"

21. 在 Word 2010 中，通过"页眉和页脚"选项组中的按钮可以对版面进行必要的修饰。"页眉和页脚"选项组可在（　　）选项卡中找到。

A. "开始"　　B. "插入"　　C. "页面布局"　　D. "视图"

22. 关于在 Word 编辑状态下改变文档中文字的字体，下列叙述正确的是（　　）。

A. 被选中的文字字体发生变化　　B. 光标之后的文字字体发生变化

C. 整个文档的文字字体发生变化　　D. 光标之前的文字字体发生变化

23. 在 Word 2010 的文档中插入图片对象后，可以通过设置图片的文字环绕方式进行图文混排，下列各项不是 Word 提供的文字环绕方式的是（　　）。

A. 四周型　　B. 衬于文字下方　　C. 嵌入型　　D. 左右型

24. 左缩进和右缩进调整的是（　　）。

A. 非首行　　B. 首行　　C. 整个段落　　D. 段前距离

25．在 Word 表格中若要计算某列的总计值，可以用到的统计函数为（　　）。

A．SUM()　　B．TOTAL()　　C．AVERAGE()　　D．COUNT()

26．在 Word 中进行表格数据计算时，对运算结果进行刷新，可使用功能键（　　）。

A．F8　　B．F9　　C．F5　　D．F7

27．在 Word 中，若要删除表格中某单元格所在的行，则应选中“删除单元格”对话框中的（　　）单选按钮。

A．“右侧单元格左移”　　B．“下方单元格上移”

C．“整行删除”　　D．“删除整列”

28．将插入点定位于句子“飞流直下三千尺”中的“直”与“下”之间，按一下 Delete 键，则该句子（　　）。

A．变为“飞流下三千尺”　　B．变为“飞流直三千尺”

C．整句被删除　　D．没有变化

29．在 Word 的编辑状态下，对选中了的当前文档中的一个段落进行清除操作（或按 Delete 键），则（　　）。

A．该段落被删除且不能恢复　　B．该段落被移到“回收站”内

C．该段落被删除，但能恢复　　D．能利用“回收站”恢复被删除的该段落

30．在使用 Word 2010 进行文字编辑时，下列叙述错误的是（　　）。

A．Word 2010 可将正在编辑的文档另存为一个纯文本（TXT）文件

B．单击“文件”菜单按钮，在弹出的菜单中选择“打开”命令可以打开一个已存在的 Word 文档

C．进行打印预览时，打印机必须是已经开启的

D．Word 2010 允许同时打开多个文档

31．关于 Word 2010 的文本框，以下说法正确的是（　　）。

A．Word 2010 提供了横排和竖排两种类型的文本框

B．不可以在文本框中插入图片

C．不可以在文本框中使用项目符号

D．通过改变文本框的文字方向不可以实现横排和竖排的转换

32．要编辑、处理一个 Word 文档，必须首先（　　）。

A．显示它的内容　　B．把它存储到磁盘上

C．在 Word 里打开它　　D．在 Word 里选中它

33．下列对于艺术字的说法中，正确的是（　　）。

A．艺术字是图形对象，不能设置为嵌入型

B．通过样式修改艺术字字体，和普通文字字体的修改方法不一样

C．艺术字可以分别设置边框颜色和填充颜色

D．艺术字的叠放次序为底层

34．在 Word 文档中，将高为 10cm、宽为 8cm 的图片修改为高为 10cm、宽为 10cm 的方法是（　　）。

A．直接修改图片的大小，即高为 10cm、宽为 10cm

B．选中图片的“锁定纵横比”属性，然后将尺寸修改为高为 10cm、宽为 10cm

C．将图片剪裁成高为 10cm、宽为 10cm

D．取消选中图片的“锁定纵横比”属性，然后将尺寸修改为高为10cm、宽为10cm

35．下列关于编辑页眉/页脚的描述中，错误的是（　　）。

A．文档内容和页眉/页脚不可同时编辑

B．文档内容和页眉/页脚可一起打印

C．文档内容和页眉/页脚可同时编辑

D．可在页眉/页脚中进行格式设置和插入图片

36．在Word 2010中打开了W1.docx文档后，若要将经过编辑的此文档以W2.docx为文件名存盘，应当单击“文件”菜单按钮，在弹出的菜单中选择（　　）命令。

A．“保存”　　B．“另存为HTML”　　C．“另存为”　　D．“版本”

37．设置字体时，如果光标所在位置后面没有内容，则（　　）。

A．不对任何文本起作用　　B．对新输入的文本起作用

C．对当前文本起作用　　D．对全部文本起作用

38．在Word文档中插入图片后，如果无法用鼠标拖动图片，但能选中图片，可能的原因是（　　）。

A．Word无法使用　　B．计算机坏了

C．图片的环绕方式是四周型　　D．图片的环绕方式是嵌入型

39．Word 2010中图片的默认版式是（　　）。

A．四周型　　B．嵌入型　　C．上下型　　D．浮于文字上方

40．在Word中，自动插入目录之前必须进行的操作是（　　）。

A．设置标题　　B．设置章节　　C．设置编号　　D．设置大纲级别

41．用户准备操作表格，发现上面的“表格工具”选项卡没有打开，原因是（　　）。

A．编辑环境出问题了　　B．表格没有被选中

C．计算机死机了　　D．硬件出了问题

42．Word 2010中的格式刷可用于复制文本或段落的格式，若要将选中的文本或段落格式重复应用，应（　　）。

A．单击“格式刷”按钮　　B．双击“格式刷”按钮

C．用鼠标右键单击“格式刷”按钮　　D．拖动“格式刷”按钮

43．下列关于设置表格边框的说法中，正确的是（　　）。

A．先设置边框颜色，再确定边框位置

B．先设置边框位置，再确定边框颜色

C．设置边框位置、边框颜色的操作顺序任意

D．每个表格只能设置一种边框

44．文本框不可以和（　　）版式的图片组合。

A．四周型　　B．嵌入型　　C．上下型　　D．紧密型

45．使用Word 2010在页脚插入页码的方法是（　　）。

A．单击“插入”选项卡“页眉和页脚”选项组中的“页脚”按钮，用键盘输入页码

B．单击“插入”选项卡“页眉和页脚”选项组中的“页码”按钮，在打开的下拉列表中选择“页面底端”命令，再选择一种页码格式

C．双击页脚，用键盘输入页码

D．单击“插入”选项卡“页眉和页脚”选项组中的“页码”按钮，在打开的下拉列表

中选择“页面顶端”命令，再选择一种页码格式

46．放入回收站中的内容（　　）。

A．不能再被删除了　　B．不能恢复到原处

C．可以直接编辑　　D．可以被彻底删除

47．将花朵图片（见图 6-1）插入 Word 文档后，如果图片不能完全显示（见图 6-2）应（　　）。

图 6-1　第 47 题图 1

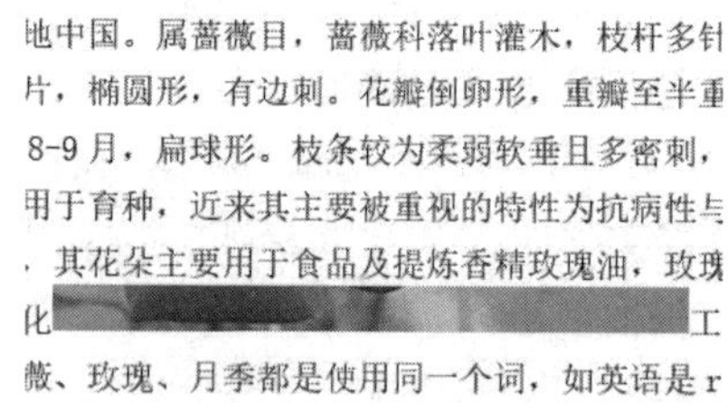

图 6-2　第 47 题图 2

A．重新插入图片　　B．将图片的环绕方式改为四周型

C．重启计算机　　D．以上皆可

48．下列操作方法不恰当的是（　　）。

A．通过“段落”对话框“特殊格式”项下的“首行缩进”，设置首行缩进两个字符

B．通过对齐方式设置文字居中

C．通过空格键设置首行缩进两个字符

D．分页时插入“分页符”

49．使用 Word 2010 设置表格中的文字在垂直和水平方向上居中，方法正确的是（　　）。

A．通过 Enter 键将文字设置为垂直居中，再通过 Space 键将文字设置为水平居中

B．通过 Enter 键将文字设置为垂直居中，再通过对齐方式将文字设置为水平居中

C．在表格上单击鼠标右键，在弹出的快捷菜单中选择“单元格对齐方式”→“水平且垂直居中”命令

D．在表格上单击鼠标右键，在弹出的快捷菜单中选择“表格属性”→“居中”命令

50．下列关于 Word 图片版式的说法中，错误的是（　　）。

A．图片为嵌入型时，不能组合

B．图片为嵌入型，文本框为四周型，图片和文本框不能全选

C．图片为嵌入型时受段落的行高影响

D．图片不能设置为嵌入型

51．在 Word 2010 文档的段落设置中，能进行的操作是（　　）。

A．分栏　　B．首行缩进　　C．设置字号　　D．首字下沉

52．在 Word 2010 文档的页面设置中，不能进行的操作是（　　）。

A．编辑页眉/页脚　　B．设置页边距　　C．设置纸张大小　　D．分栏

53．下列关于 Word 2010 页眉/页脚的叙述中，错误的是（　　）。

A．编辑页眉时可以插入时间和日期　　B．一次可以为每页设置不同的页眉/页脚

C．一般情况下，页眉/页脚适用于整个文档　　D．编辑页脚时可以设定页码

54．在 Word 2010 中，给每位家长发送一份“期末成绩通知单”，用（　　）功能最简便。

A．复制　　B．信封　　C．标签　　D．邮件合并

任务 4　Excel 数据处理练习题

1．在 Excel 2010 编辑状态下，若要调整单元格的宽度和高度，利用（　　）较直接、快捷。

A．快速工具栏　　　　B．格式栏

C．功能区　　　　D．工作表的行标签和列标签

2．下列关于图 6-3 所示的图表的说法中，正确的是（　　）。

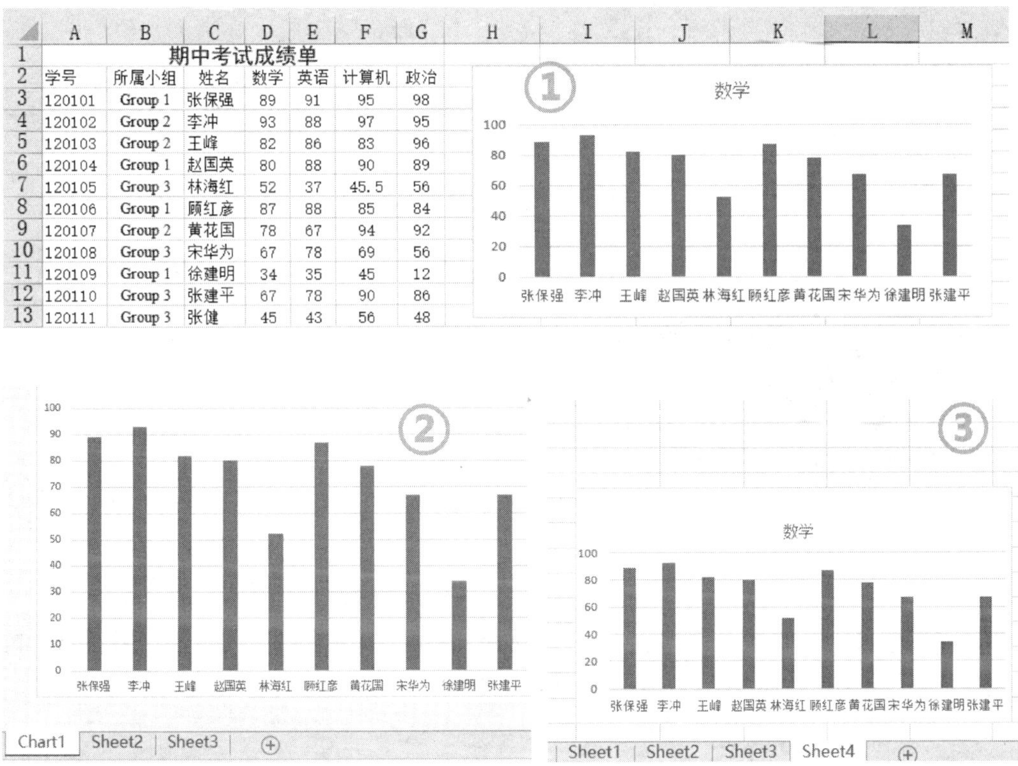

图 6-3　第 2 题图

A．①为嵌入型图表，②为嵌入型图表，③为图表工作表

B．①为嵌入型图表，②为图表工作表，③为图表工作表

C．①为图表工作表，②为图表工作表，③为图表工作表

D．①为嵌入型图表，②为嵌入型图表，③为嵌入型图表

3．在 Excel 中进行分类汇总前，一般要进行（　　）操作。

A．查询　　　　B．筛选　　　　C．检索　　　　D．排序

4．下列关于 Excel“图表工具”选项卡的说法中，正确的是（　　）。

A．一般情况下，“图表工具”选项卡是隐藏状态，只有当选中图表时才会出现

B．“图表工具”选项卡一直在上方显示，不会隐藏

C．在“图表工具”选项卡中不能找到图片所有属性的设置选项

D．以上都对

5．下列关于图表位置的说法中，错误的是（　　）。

A．图表有两种位置，分别是图表工作表形式和对象形式

B．可以通过鼠标右键移动图表，修改图表位置

C．图表工作表的名称=图表的标题

D．图表工作表的名称≠图表的标题

6．使用 TODAY( )函数求当前日期，下列选项正确的是（　　）。

A．=TODAY(today)　　B．=TODAY()

C．=TODAY(系统日期)　　D．以上都不对

7．在 Excel 中，工作簿的概念与（　　）相同。

A．数据表　　B．工作表　　C．Excel 文件　　D．Excel 数据

8．“全选”按钮位于 Excel 2010 窗口的（　　）。

A．快速工具栏中　　B．左上角，行标签和列标签在此相会

C．编辑栏中　　D．底部，状态栏中

9．要在 Excel 中直接生成如图 6-4 所示的图表，应在图 6-5 中选择的数据区域是（　　）。

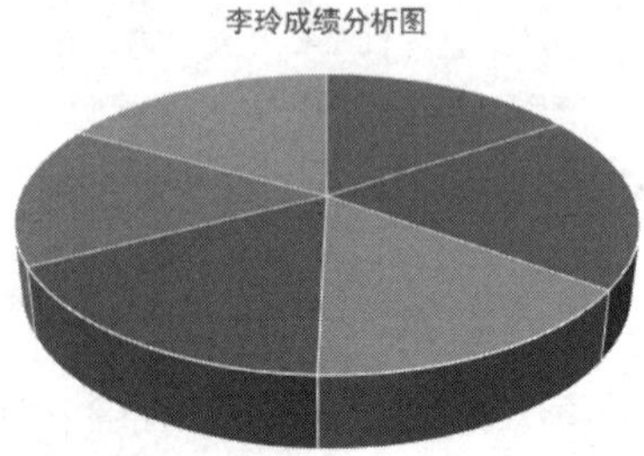

图 6-4　第 9 题图 1

	A	B	C	D	E	F	G	H
1	姓名	数学	语文	计算	思想	体育	英语	总成
2	骆彩霞	84	88	71	76	65	83	467
3	韩鸿艳	92	92	82	85	81	86	518
4	冯辉	78	98	80	93	81	79	509
5	朱江流	79	90	80	91	80	88	508
6	何金涛	82	92	87	89	72	72	494
7	宋晋	79	95	75	86	75	90	500
8	李俊杰	78	98	76	89	75	74	490
9	岑蕾	54	85	81	94	85	67	466
10	李玲	82	100	82	90	80	90	524

图 6-5　第 9 题图 2

A．整个工作表　　B．A1:H10　　C．A10:H10　　D．A10:G10

10．使用分类汇总功能统计如图 6-6 所示的销售数据，要求按部门统计一月销售额的最高值，则图 6-7 所示的“分类汇总”对话框所需的分类字段、汇总方式、汇总项依次是（　　）。

	A	B	C	D	E	F	G	H
1	姓名	部门	一月	二月	三月	四月	五月	六月
2	骆彩霞	销售1部	66500	92500	95500	98000	86500	71000
3	韩鸿艳	销售1部	73500	91500	64500	93500	84000	87000
4	冯辉	销售1部	75500	62500	87000	94500	78000	91000
5	朱江流	销售1部	79500	98500	68000	10000	96000	66000
6	何金涛	销售1部	82050	63500	67500	98500	78500	94000
7	宋晋	销售1部	82500	71000	99500	89500	84500	58000
8	李俊杰	销售1部	87500	63500	67500	98500	78500	94500
9	岑蕾	销售1部	88000	82500	83000	75500	62000	85000
10	李玲	销售1部	92000	64000	97000	93000	75000	93000
11	农名	销售1部	93000	71500	92000	96500	87000	61000
12	边宁一	销售1部	93050	85500	77000	81000	95000	78000
13	杨鹏	销售1部	96000	72500	10000	86000	62000	87500
14	郑普	销售1部	96500	86500	90500	94000	99500	70000
15	蒋庆	销售1部	97500	76000	72000	92500	84500	78000
16	郭楸烽	销售2部	56000	77500	85000	83000	74500	79000
17	邱求	销售2部	58500	90000	88500	97000	72000	65000
18	王帅	销售2部	63000	99500	78500	63150	79500	65500
19	邓天毅	销售2部	69000	89500	92500	73000	58500	96500
20	周铜	销售2部	72500	74500	60500	87000	77000	78000
21	王伟杰	销售2部	74000	72500	75000	92000	86000	55000
22	李尉华	销售2部	76500	70000	64000	75000	87000	78000
23	卢希珍	销售2部	77000	60500	66050	84000	98000	93000

图 6-6　第 10 题图 1

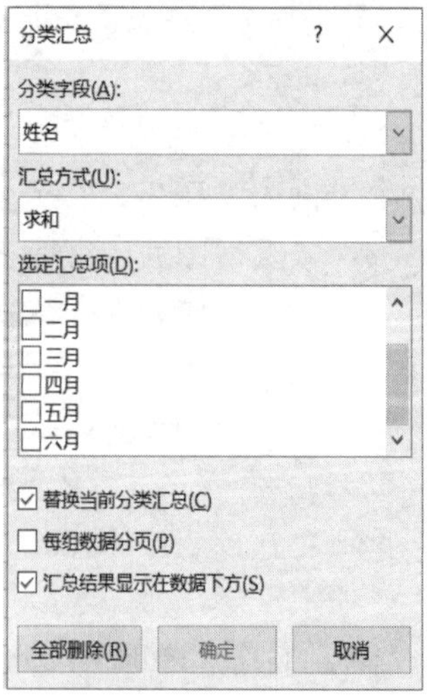

图 6-7　第 10 题图 2

A．姓名、求和、部门　　B．销售部、最大值、销售额

C．部门、最大值、一月　　D．最大值、销售部、一月销售额

11．在 Excel 的单元格中输入 10 之后显示为 1900/1/10，此时应（　　）才能让单元格中显示 10。

A．将单元格设置为日期型　　B．重启 Excel

C．将单元格设置为常规型　　D．重启计算机

12．在 Excel 的单元格中输入号码 2017345809280 之后显示为 2.02E+12，此时应（　　）才能让正确号码显示。

A．重启计算机　　B．重启 Excel

C．将单元格设置为文本型　　D．重新输入号码

13．在 Excel 中输入身份证号码时，通常将该字段设置为（　　）。

A．数字型　　B．文本型　　C．学号型　　D．文字型

14．下列各项是 Excel 2010 工作簿的扩展名的是（　　）。

A．txt　　B．docx　　C．bmp　　D．xlsx

15．在 Excel 中输入公式=A1*B4，则该公式的结果（　　）。

A．保存前不变　　B．固定不变

C．随着 A1 和 B4 值的变化而变化　　D．为空，因为该公式非法

16．在 Excel 中填充计算结果时，如果想让参与计算的单元格 B5 不发生变化，则该单元格格式应该为（　　）。

A．B5　　B．$B5　　C．$B$5　　D．B$5

17．在 Excel 中，日期的基本格式是（　　）。

A．××××/××/××　　B．××××.××.××

C．××××~××~××　　D．××××_××_××

18．在 Excel 中用公式或函数计算 1+1，下列写法正确的是（　　）。

A．1+1　　B．SUM(1+1)　　C．=SUM(1,1)　　D．=SUM(1+1)

19．在 max(A1:A10)中，参数是（　　）。

A．A1　　B．A10

C．A1 到 A10 的所有值　　D．A1 到 A10 的最大值

20．如图 6-8 所示，自动填充实发工资（实发工资=日工资×出勤天数-扣发工资），则 G6 单元格中的公式应是（　　）。

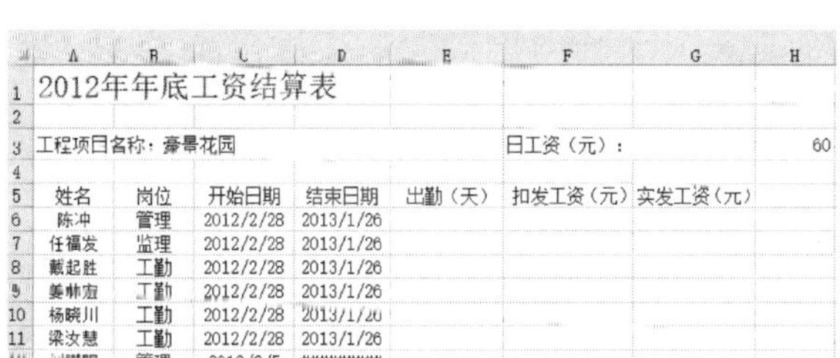

图 6-8　第 20 题图

A．=E6*H3-F6　　B．=E6*$H$3-F6　　C．=E6*$H3-F6　　D．=E6*日工资-F6

21．在 Excel 文件“job.xlsx”中插入图表后，不保存，而是将文件另存为文件名为“excela.xlsx”的文件，那么（　　）。

A．“job.xlsx”中没有图表，“excela.xlsx”中有图表

B．“job.xlsx”中有图表，“excela.xlsx”中有图表

C．“job.xlsx”中没有图表，“excela.xlsx”中没有图表

D．“job.xlsx”中有图表，“excela.xlsx”中没有图表

22．在 Excel 中，处理并存储工作数据的文件叫（　　）。

A．工作簿　　B．工作表　　C．单元格　　D．活动单元格

23．在某个 Excel 工作表中，C 列数据是经过 B 列数据计算而得的，为确保 C 列数据正确，在删除 B 列数据之前应（　　）。

A．复制 C 列数据，并选择性粘贴值　　B．复制 B 列数据，并选择性粘贴值

C．替换 C 列数据　　D．替换 B 列数据

24．在 Excel 中不能进行的操作是（　　）。

A．制作图表　　B．生成目录　　C．筛选　　D．分类汇总

25．Excel 是一种（　　）软件。

A．数据处理　　B．文字处理　　C．文档处理　　D．以上皆是

26．为工作表重命名，下列操作方法正确的是（　　）。

①双击工作表名称，输入工作表的新名称

②在工作表名称上单击鼠标右键，在弹出的快捷菜单中选择“重命名”命令，输入工作表的新名称

③选择“文件”→“另存为”命令，输入工作表的新名称

A．①③　　B．①②③　　C．①②　　D．②③

27．在 Excel 中（见图 6-9）使用 SUM()函数求总分，则 G2 单元格应填（　　）。

	A	B	C	D	E	F	G
1	所属小组	姓名	数学	英语	计算机	政治	总分
2	Group 1	张华为	89	91	95	98	
3	Group 2	李伟平	93	88	97	95	
4	Group 2	王建平	82	86	83	96	
5	Group 1	赵小英	80	88	90	89	
6	Group 3	林玲如	52	37	45.5	56	
7	Group 1	顾凌强	87	88	85	84	
8	Group 2	黄梅英	78	67	94	92	
9	Group 3	宋毅刚	67	78	69	56	
10	Group 1	徐丽珍	34	35	45	12	

图 6-9　第 27 题图

A．=SUM(C1+D1+E1+F1)　　B．=SUM(C2+D2+E2+F2)

C．=SUM(C1:F1)　　D．=SUM(C2:F2)

28．如图 6-10 所示，在 H2 单元格中计算奖学金：总分大于 350，奖学金为 500 元；其余为空白。下列选项正确的是（　　）。

	A	B	C	D	E	F	G	H
1	所属小组	姓名	数学	英语	计算机	政治	总分	奖学金(元)
2	Group 1	张华为	89	91	95	98	373	
3	Group 2	李伟平	93	88	97	95	373	
4	Group 2	王建平	82	86	83	96	347	
5	Group 1	赵小英	80	88	90	89	347	
6	Group 3	林玲如	52	37	45.5	56	190.5	
7	Group 1	顾凌强	87	88	85	84	344	
8	Group 2	黄梅英	78	67	94	92	331	
9	Group 3	宋毅刚	67	78	69	56	270	
10	Group 1	徐丽珍	34	35	45	12	126	

图 6-10　第 28 题图

A．=IF((G2>350,500,if(G2<=350,""))　　B．=IF(G2:G10>350,500,"")

C．=IF(G2>350,500,"")　　D．=IF(G2>350,"",500)

29．如图 6-11 所示，在 F2 单元格中计算附加分，附加分为练习 1～4 的最高分。下列选项正确的是（　　）。

	A	B	C	D	E	F
1	姓名	练习1	练习2	练习3	练习4	附加分
2	骆彩霞		18			
3	韩鸿艳				16	
4	冯辉	18				
5	朱江流			20	13	
6	何金涛	20				
7	宋晋		15		17	
8	李俊杰	18			20	
9	岑蕾	18	14	10		
10	李玲	16			18	
11	农名		9	10		

图 6-11　第 29 题图

A．=MAX(C2)　　B．=MAX(B2:E2)　　C．=MAX(18)　　D．=MAX(B2:E11)

30．如图 6-12 所示，在 G2 单元格中计算格次：平时成绩大于或等于 90，格次为“优秀”；平时成绩为 60～89，格次为“及格”；平时成绩在 60 以下，格次为“不及格”。下列选项正确的是（　　）。

	A	B	C	D	E	F	G
1	姓名	练习1	练习2	练习3	考勤	平时成绩	格次
2	骆彩霞		18		10	87	
3	韩鸿艳				8	90	
4	冯辉	18			7	76	
5	朱江流			20	6	83	
6	何金涛	20			9	95	
7	宋晋		15		7	74	
8	李俊杰	18			8	89	
9	岑蕾	18	14	10	8	82	
10	李玲	16			5	75	
11	农名		9	10	4	59	

图 6-12　第 30 题图

A．=IF(F2>=90,"优秀",IF(F2>=60,"及格","不及格"))

B．=IF(F2>=90,"优秀",IF(90>F2>=60,"及格","不及格"))

C．=IF(F2>=90,"优秀",IF(F2>=60,"及格",IF(F2<60,"不及格")))

D．=IF(F2>=90,"优秀",IF(F260-90,"及格","不及格"))

31．如图 6-13 所示，利用表中的数据求总人数。下列选项正确的是（　　）。

	A	B	C	D	E	F	G	H
1	姓名	作业1	作业2	作业3	附加分	考勤	平时成绩	格次
2	张毅刚	8	21	30	18	10	87	及格
3	李秀英	10	24	32	16	8	90	优
4	白小英	6	20	25	18	7	76	及格
5	赵伟平	10	18	29	20	6	83	及格
6	林梅英	8	23	35	20	9	95	优
7	顾凌强	6	20	24	17	7	74	及格
8	黄玲如	8	25	28	20	8	89	及格
9	宋丽珍	6	20	30	18	8	82	及格
10	徐建平	4	16	32	18	5	75	及格
11	李华为	10	15	20	10	4	59	不及格

图 6-13　第 31 题和第 32 题图

A．=SUM(B2:B11)　　　　B．=COUNT(B2:B11)

C．=COUNT(A2:A11)　　　　D．=SUM(A2:A11)

32．如图 6-13 所示，利用表中的数据求优秀人数。下列选项正确的是（　　）。

A．=COUNTIF(H2:H11,"优")　　　　B．=COUNTIF(H2:H11,"优秀")

C．=COUNTIF(H2:H11,优秀)　　　　D．=COUNTIF(H2:H11,优)

33．如图 6-14 所示，在 B2 单元格中计算期限，期限=到期日-存入日，并且以年为单位。下列选项正确的是（　　）。

	A	B	C
1	存入日	期限(年)	到期日
2	04/01/12		2013/4/1
3	09/01/12		2013/9/1
4	10/01/12		2013/10/1
5	05/01/12		2013/5/1
6	02/01/12		2015/2/1
7	05/01/13		2016/5/1
8	07/01/12		2015/7/1

图 6-14　第 33 题图

A．C2-A2　　　　B．=YEAR(C2-A2)

C．=YEAR(C2)-YEAR(A2)　　　　D．=(C2-A2)/YEAR()

34．如图 6-15 所示，使用高级筛选，找出所属小组为 Group1 和有奖学金的学生。下列筛选条件正确的是（　　）。

	A	B	C	D	E	F	G
1	所属小组	姓名	数学	英语	计算机	政治	奖学金
2	Group 1	张华为	89	91	95	98	500
3	Group 2	李伟平	93	88	97	95	500
4	Group 2	王建平	82	86	83	96	
5	Group 1	赵小英	80	88	90	89	
6	Group 3	林玲如	52	37	46	56	
7	Group 1	顾凌强	87	88	85	84	
8	Group 2	黄梅英	78	67	94	92	
9	Group 3	宋毅刚	67	78	69	56	
10	Group 1	徐丽珍	34	35	45	12	
11	Group 3	张秀英	67	78	90	86	
12	Group 3	张委元	45	43	56	48	
13	Group 2	王伟	34	49	53	32	

图 6-15　第 34 题图

A．

所属小组	奖学金
Group 1	500

B．

所属小组	Group 1
奖学金	500

C．

Group 1
奖学金

D．

所属小组	奖学金
Group 1	
	500

35．如图 6-16 所示，用 A2:H10 单元格区域的数据是否可以生成数据透视表？（　　）

	A	B	C	D	E	F	G	H
1	期中考试成绩单							
2	学号	所属小组	姓名	数学	英语	计算机	政治	奖学金
3	120101	Group 1	张华为	89	91	95	98	500
4	120102	Group 2	李伟平	93	88	97	95	500
5	120103	Group 2	王建平	82	86	83	96	0
6	120104	Group 1	赵小英	80	88	90	89	0
7	120105	Group 3	林玲如	52	37	46	56	0
8	120106	Group 1	顾凌强	87	88	85	84	0
9	120107	Group 2	黄梅英	78	67	94	92	0
10	120108	Group 3	宋毅刚	67	78	69	56	0

图 6-16　第 35 题图

A．是　　B．否
C．不一定　　D．用手机可以，用计算机不可以
36．关于创建图表，下列说法中错误的是（　　）。
A．嵌入型图表是指将图表与数据同时置于一个工作表内
B．创建图表时除了可插入嵌入型图表、图表工作表之外，还可手工绘制
C．图表工作表与数据分别安排在两个工作表中，故又称为图表工作表
D．图表生成之后，可以对图表类型、图表元素等进行编辑
37．Excel 2010 提供的图表类型有自定义型和（　　）。
A．柱形图　　B．标准型　　C．条形图　　D．折线图
38．Excel 图表生成后，若数据源发生变化，则（　　）。
A．图表不会变化　　B．自动创建一个新图表
C．图表会立刻根据数据源发生变化　　D．图表会自动删除
39．在 Excel 中，计算结果存在多种可能，用（　　）函数可以实现。
A．SUM( )　　B．AVERAGE( )　　C．IF( )　　D．MAX( )
40．选中单元格后，利用公式进行计算时，第一步是（　　）。
A．输入等号　　B．插入函数　　C．输入双引号　　D．输入冒号
41．A1 单元格为数值 2，在 B1 单元格中输入公式“=IF(A1>0,"Yes","No")”，则 B1 单元格显示（　　）。
A．Yes　　B．No　　C．不确定　　D．空白
42．某个 Excel 工作表 D 列所有单元格的数据是利用 B 列相应单元格的数据通过公式计算得到的，此时如果将该 B 列数据删除，那么，对 D 列（　　）。
A．不产生影响　　B．产生影响，但 D 列数据正确无误
C．产生影响，D 列数据部分能用　　D．产生影响，D 列数据失去意义
43．若在打印时要打印出工作表的网格线，则应在“页面设置”对话框中选择“工作表”选项卡，然后选中（　　）复选框。
A．网格线　　B．单色打印　　C．按草稿方式　　D．行号列标
44．在 Excel 工作表的单元格中输入公式“=D3*10-B4”，则该单元格的值为（　　）。
A．D3 单元格的值乘以 10 再减去 B4 单元格的值，该单元格的值不再变化
B．D3 单元格的值乘以 10 再减去 B4 单元格的值，该单元格的值将随着 D3 单元格和 B4 单元格的值的变化而变化
C．D3 单元格的值乘以 10 再减去 B4 单元格的值，其中 D3、B4 分别代表某个变量的值
D．空，因为该公式非法
45．在 Excel 2010 的一个工作簿中，工作表的个数（　　）。
A．最多为 255　　B．可以为任意多
C．最多为 512　　D．受可用内存的限制
46．在 Excel 中取消自动筛选后，工作表中的数据会（　　）。
A．恢复原状　　B．消失
C．只剩下符合筛选条件的记录　　D．不发生任何变化
47．Excel 单元格中出现“#”可能是因为（　　）。
A．计算出现错误　　B．单元格高度不够

C．单元格宽度不够　　D．数据格式出错

48．已知 Excel 中 A1 单元格的值为 1，A2 单元格的值为 2，A3 单元格的值为 5，A4 单元格的值为 3，A5 单元格的值为 8，那么“=SUM(A1:A3,A5)”的结果为（　　）。

A．10　　B．5　　C．20　　D．16

49．在 Excel 中，函数 MAX(7,9,28,46)返回的结果是（　　）。

A．7　　B．9　　C．28　　D．46

50．关于 Excel 中数据的分类汇总描述错误的是（　　）。

A．分类汇总前应按照分类字段对数据表进行排序

B．汇总的方式只能是求和

C．汇总后的结果可以删除

D．汇总的字段可以自行设定

任务 5　PowerPoint 演示文稿制作练习题

1．PowerPoint 2010 是用于制作（　　）的工具软件。

A．文档　　B．演示动画　　C．幻灯片　　D．模板

2．PowerPoint 2010 演示文稿文件以（　　）为扩展名进行保存。

A．pptx　　B．pot　　C．xlsx　　D．htm

3．用户创建的一张张演示单页称为（　　）。

A．旁白　　B．讲义　　C．幻灯片　　D．备注

4．演示文稿中，每张幻灯片都是基于某种（　　）创建的，它预定义了新建幻灯片的各种占位符布局情况。

A．模板　　B．母版　　C．版式　　D．格式

5．演示文稿的基本组成单元是（　　）。

A．文本　　B．图形　　C．超链接点　　D．幻灯片

6．在 PowerPoint 2010 中，若希望隐藏功能区，可在功能区上单击鼠标右键，然后在弹出的快捷菜单中选择（　　）命令。

A．“折叠功能区”　　B．“隐藏功能区”　　C．“功能区最小化”　　D．“自定义功能区”

7．在 PowerPoint 的大纲视图中，不可以（　　）。

A．插入幻灯片　　B．删除幻灯片　　C．移动幻灯片　　D．添加文本框

8．（　　）是包含了预定义的文字格式、配色方案等幻灯片整体外观设计方案的演示文稿样板文件。

A．模板　　B．母版　　C．版式　　D．幻灯片

9．若要改变演示文稿的整体外观，则需要在选中演示文稿中的某张幻灯片后，（　　）。

A．单击“开始”选项卡“幻灯片”选项组中的“版式”按钮

B．单击“文件”菜单按钮，在弹出的菜单中选择“工具”命令

C．单击“设计”选项卡“主题”选项组中的按钮

D．单击“视图”选项卡“母版视图”选项组中的“幻灯片母版”按钮

10．PowerPoint 2010 主题文件以（　　）为扩展名进行保存。

A．pptx　　B．potx　　C．dotx　　D．xltx

11.下列操作中，不能插入幻灯片的是（　　）。

A．单击“开始”选项卡“幻灯片”选项组中的“新建空白演示文稿”按钮

B．单击“插入”选项卡“幻灯片”选项组中的“新建幻灯片”按钮

C．在幻灯片浏览视图中的某页幻灯片下面按 Enter 键

D．在幻灯片浏览视图中单击鼠标右键，在弹出的快捷菜单中选择“新建幻灯片”命令

12．关于 PowerPoint，以下说法正确的是（　　）。

A．启动 PowerPoint 后只能创建或编辑一个演示文稿

B．启动 PowerPoint 后可以创建或编辑多个演示文稿

C．启动 PowerPoint 后不能编辑多个演示文稿

D．在新建一个演示文稿之前，必须先关闭当前正在编辑的演示文稿

13．在幻灯片浏览中，可按下（　　）键，同时单击不连续的多张幻灯片来选中这些幻灯片。

A．Ctrl　　B．Alt　　C．Shift　　D．Tab

14．在 PowerPoint 2010 中编辑幻灯片内容时，要选中多个对象，无法通过（　　）实现。

A．按住 Shift 键的同时，用鼠标单击各个对象

B．按住 Ctrl 键的同时，用鼠标单击各个对象

C．按住 Alt 键的同时，用鼠标单击各个对象

D．用鼠标左键拖动，框选多个对象

15．在幻灯片浏览视图中，可选中幻灯片，按住鼠标并拖动该幻灯片，然后按（　　）键来复制选中的幻灯片。

A．Ctrl　　B．Alt　　C．Shift　　D．Tab

16．在演示文稿“PPTA.pptx”中插入图 1，不保存并关闭 PowerPoint，那么（　　）。

A．PowerPoint 中有图 1　　B．“PPTA.pptx”中没有图 1

C．“PPTA.pptx”中有图 1　　D．“PPTA.pptx”中不一定有图 1

17．下列关于幻灯片中文本的说法中，正确的是（　　）。

A．幻灯片中不能直接添加文本　　B．幻灯片中的文本只能通过占位符添加

C．幻灯片中可以直接添加文本　　D．幻灯片中的文本只能通过文本框添加

18．在幻灯片中添加动作按钮，是为了（　　）。

A．实现演示文稿内幻灯片的跳转功能　　B．出现动画效果

C．用动作按钮控制幻灯片的制作　　D．用动作按钮控制幻灯片统一的外观

19．PowerPoint 2010 动作设置中的“鼠标经过”是指（　　）。

A．鼠标指针经过幻灯片　　B．鼠标指针经过动作按钮

C．用鼠标单击幻灯片　　D．用鼠标单击动作按钮

20．在幻灯片中建立超链接有两种方式：通过把某对象作为超链接点和（　　）。

A．文本框　　B．文本　　C．图片　　D．动作按钮

21．在 PowerPoint 2010 中，激活超链接的动作可以是在超链接点用鼠标单击和（　　）。

A．移过　　B．拖动　　C．双击　　D．单击鼠标右键

22．下列关于动作按钮的描述中，错误的是（　　）。

A．修改动作按钮颜色的方法，和修改图形颜色的方法一样

B．PowerPoint 中内置了向前、向后翻页的动作按钮

C．动作按钮的动作分为单击鼠标和鼠标悬停两种

D．动作按钮一旦设置，不能修改

23．幻灯片的切换方式是指（　　）。

A．编辑新幻灯片时的过渡形式　　B．编辑幻灯片时切换不同视图

C．编辑幻灯片时切换不同的设计模板　　D．幻灯片放映时两张幻灯片的过渡形式

24．在 PowerPoint 2010 中，要设置幻灯片的切换效果，应打开（　　）选项卡。

A．“动画”　　B．“切换”　　C．“视图”　　D．“设计”

25．下列关于幻灯片切换的说法中，错误的是（　　）。

A．幻灯片切换时可以设置声音

B．每张幻灯片只能设置一种切换效果

C．幻灯片切换是指载入某张幻灯片时的动画效果

D．每张幻灯片可以设置多种切换效果

26．幻灯片中的动画效果为播放后不变暗，应（　　）。

A．单击“动画”选项卡“动画”选项组中的“显示其他效果选项”按钮，在打开的对话框的“效果”选项卡中，选择动画播放后“不变暗”

B．单击鼠标右键，在弹出的快捷菜单中选择“显示其他效果选项”命令，在打开的对话框的“效果”选项卡中，选择动画播放后“不变暗”

C．在“动画”选项卡“高级动画”选项组中选择动画播放后“不变暗”

D．以上都不对

27．下列关于动画效果选项的说法中，错误的是（　　）。

A．可以设置动画的开始方式　　B．可以设置动画的播放速度

C．可以设置动画的播放次数　　D．可以设置幻灯片的切换

28．如果幻灯片的文本框中已经添加了动画效果“飞入”，并在选中文本框后，从动画效果中选择“擦除”，那么以下说法正确的是（　　）。

A．文本框的动画效果变为“擦除”

B．文本框的动画效果变为“飞入”

C．文本框的动画效果变为“飞入”和“擦除”

D．文本框上没有动画

29．想使某动画效果延迟 1 秒播放，应选择“延迟”列表中的（　　）。

A．00.01　　B．01.00　　C．10.00　　D．00.10

30．在 PowerPoint 2010 中设置“结束放映”，可通过（　　）实现。

A．选中“动画设置”对话框中的“结束放映”选项

B．选中“超链接”对话框中的“结束放映”选项

C．选择“动作设置”对话框“超链接到”下拉列表中的“结束放映”命令

D．选择“超链接”对话框“动作按钮”下拉列表中的“结束放映”命令

31．在幻灯片放映时，用户可以利用绘图笔在幻灯片上写字或画画，这些内容（　　）。

A．自动保存在演示文稿中　　B．在本次演示中可以擦除

C．在本次演示中不可擦除　　D．不可以保存在演示文稿中

32．在幻灯片放映过程中，可随时按（　　）键终止放映，返回原来的视图中。

A．Enter　　B．Esc　　C．Pause　　D．Ctrl

33. 关于修改母版，以下说法正确的是（　　）。
A. 母版不能修改　　B. 编辑状态就可以修改
C. 要先进入母版编辑状态　　D. 以上说法都不对
34. 对母版的修改将直接反映在（　　）幻灯片上。
A. 每张　　B. 当前
C. 当前幻灯片之后的所有　　D. 当前幻灯片之前的所有
35. 在 PowerPoint 2010 中，要进入母版视图，应（　　）。
A. 在按住 Ctrl 键的同时单击窗口下方的“幻灯片视图”按钮
B. 在按住 Shift 键的同时单击窗口下方的“普通视图”按钮
C. 在按住 Ctrl 键的同时单击窗口下方的“大纲视图”按钮
D. 在按住 Shift 键的同时单击窗口下方的“大纲视图”按钮
36. 在幻灯片母版中进行设置，可起到（　　）的作用。
A. 统一标题内容　　B. 统一图片内容
C. 统一幻灯片风格　　D. 统一页码内容
37. 下列关于幻灯片母版的说法中，错误的是（　　）。
A. 关闭幻灯片母版后，才能回到普通视图
B. 打开幻灯片母版的方式是单击“视图”选项卡“母版视图”选项组中的“幻灯片母版”按钮
C.“标题和内容”的布局母版，可以修改所有幻灯片
D. “标题和内容”的布局母版，只能修改版式为“标题和内容”的幻灯片
38. 演示文稿备注功能的作用是（　　）。
A. 为演示文稿添加文件说明　　B. 为演讲者提供内容说明
C. 为观众提供文件说明　　D. 备注演讲者信息
39. 下列关于演示文稿备注功能的说法中，错误的是（　　）。
A. 需将备注文字输入占位符中　　B. 演讲者可以看到备注
C. 需将备注文字输入备注栏中　　D. 观众看不到备注
40. 演示文稿中的音频，默认的播放方式是（　　）。
A. 从第一页幻灯片播放到最后一页幻灯片
B. 从插入音频的幻灯片播放到最后一页幻灯片
C. 从第一页幻灯片播放到插入音频的幻灯片
D. 只在插入音频的幻灯片播放

任务6　计算机网络技术练习题

1. WWW 又称万维网，其本质是（　　）。
A. 网络协议　　B. 网络拓扑结构
C. 超文本网页　　D. 实际存在的物理网络
2. 如果收件人的计算机没有打开，电子邮件将（　　）。
A. 退给发件人　　B. 保存在邮件服务器中
C. 等收件人打开计算机再发　　D. 发生丢失，永远也收不到

3．主机域名 www.ustc.edu.cn 由 4 个子域名组成，其中（　　）为最低域名。

A．www　　B．ustc　　C．edu　　D．cn

4．电子邮件与传统的邮件相比最大的特点是（　　）。

A．速度快　　B．价格低　　C．距离远　　D．传输量大

5．调制解调器的作用是（　　）。

A．防止计算机病毒进入计算机中　　B．转换数字信号和模拟信号

C．把声音送入计算机　　D．把声音传出计算机

6．HTML 的正式名称为（　　）。

A．主页制作语言　　B．超文本标记语言

C．WWW　　D．因特网（Internet）编程语言

7．Internet 是通过（　　）和专用计算机将网络互联在一起的。

A．服务器　　B．终端　　C．路由器　　D．网卡

8．以下各项中，（　　）代表电子邮件。

A．E-mail　　B．Gopher　　C．WWW　　D．USENEWS

9．IPv4 地址由一组（　　）的二进制数组组成。

A．8 位　　B．16 位　　C．32 位　　D．64 位

10．以下地址中，（　　）是合法的 IP 地址。

A．239.89.90.345　　B．202.201.252.1　　C．255.255.255.0　　D．0.789.234.1

11．IP 地址和域名之间的关系是（　　）。

A．C、D 都正确　　B．一一对应

C．一个 IP 地址可以对应多个域名　　D．一个域名可以对应多个 IP 地址

12．统一资源定位器的英文缩写是（　　）。

A．HTTP　　B．URL　　C．Telnet　　D．FTP

13．以下地址中，（　　）属于中国。

A．microsoft.com　　B．ibm.il　　C．bta.cn　　D．eeec.com

14．为了接入 Internet，以下各项中，（　　）不是必要的。

A．TCP/IP 协议　　B．一个调制解调器或一块网卡

C．一个 Internet 账号　　D．一台打印机

15．下列数字中，不能表示 IP 地址的是（　　）。

A．202.96.0.1　　B．202.110.7.12　　C．112.256.23.8　　D．159.226.1.18

16．电子邮件地址中，账号名与域名之间的连接符号是（　　）。

A．&　　B．$　　C．@　　D．#

17．下面列举的 4 个工具软件中，用来下载软件的是（　　）。

A．WinZip　　B．Winamp　　C．迅雷　　D．杀毒软件

18．在局域网中，如果只想让和你关系好的人访问你的计算机上的文件，但是又不想让他进行修改，处理的方法是（　　）。

A．对包含文件的文件夹设置共享、完全权限

B．对包含文件的文件夹设置共享、只读权限

C．对包含文件的文件夹设置共享、只读权限，同时设置密码

D．对包含文件的文件夹设置共享、完全权限，同时设置密码

19．正确的新浪域名是（　　）。

A．www.sina.com.cn　　B．ww.sina.com.cn

C．www.sina.cm　　D．www.sina.cn

20．在超文本和超媒体中，不同信息块之间的连接是通过（　　）连接的。

A．结点　　B．字节　　C．链　　D．字

21．在常见领域的域名中，为商业组织用途的域名是（　　）。

A．com　　B．net　　C．edu　　D．org

22．在 IE 中要停止下载网页，可按（　　）。

A．Ctrl+W 组合键　　B．Esc 键　　C．Delete 键　　D．Backspace 键

23．要在 IE 中返回上一页，应（　　）。

A．按 F4 键　　B．单击“后退”按钮

C．按 Delete 键　　D．按 Ctrl+D 组合键

24．管理计算机通信的规则称为（　　）。

A．网络协议　　B．网络介质　　C．网络服务　　D．网络操作系统

25．计算机网络的突出优点是（　　）。

A．资源共享　　B．运算速度快　　C．存储容量大　　D．计算精度高

26．区分局域网（LAN）和广域网（WAN）的依据是（　　）。

A．网络用户　　B．传输协议　　C．联网设备　　D．联网范围

27．计算机网络是按照（　　）相互通信的。

A．信息交换方式　　B．传输装置　　C．网络协议　　D．分类标准

28．下列关于网址的说法中，错误的是（　　）。

A．IP 地址是唯一的　　B．域名的长度是固定的

C．输入网址时可以使用域名　　D．网址有两种表示方法

29．以下的网络分类中，有误的一组是（　　）。

A．局域网、广域网　　B．对等网、城域网

C．环形网、星形网　　D．有线网、无线网

30．一座大楼内的一个计算机网络系统属于（　　）。

A．PAN　　B．LAN　　C．MAN　　D．WAN

31．将域名地址转换为 IP 地址的协议是（　　）。

A．DNS　　B．ARP　　C．RARP　　D．ICMP

32．下列选项中可作为邮件的附件发送的是（　　）。

A．图片　　B．视频　　C．Word 文档　　D．以上都可以

33．邮件被删除后，（　　）。

A．暂时存放在垃圾箱中　　B．可以恢复

C．仍然可以查看　　D．以上都正确

34．在浏览器地址栏中输入（　　）不可以访问百度。

A．www.baidu.com　　B．http;//www.baidu.com

C．http://www.baidu.com　　D．https://www.baidu.com

35．在计算机中保存网页上的图片常采取的操作是（　　）。

A．长按图片，在弹出的菜单中选择“保存”命令

B．截图

C．拍照

D．在图片上单击鼠标右键，在弹出的快捷菜单中选择“图片另存为”命令

36．下列各项是发送电子邮件的必要选项的是（　　）。

A．文字　　B．图片　　C．视频　　D．主题

37．关于浏览器的主页，以下说法错误的是（　　）。

A．主页是打开浏览器后看到的第一个页面　　B．浏览器的主页可以随意更改

C．浏览器的主页不能更改　　D．浏览器的主页可以为空白页

38．从 www.cernet.edu.cn 可以看出，它是（　　）。

A．中国的一个政府组织的站点　　B．中国的一个商业组织的站点

C．中国的一个军事部门的站点　　D．中国的一个教育机构的站点

39．电子邮件地址的一般格式为（　　）。

A．用户名+域名　　B．用户名-域名　　C．用户名@域名　　D．用户名#域名

40．浏览器的收藏夹中存放的是（　　）。

A．最近访问过的 WWW 的地址　　B．最近下载的 WWW 文档的地址

C．用户新增加的 E-mail 地址　　D．用户收藏的 WWW 文档的地址

参考答案

任务 1　新一代信息技术练习题

1．A	2．B	3．D	4．D	5．C	6．C	7．C	8．A	9．D	10．D
11．D	12．D	13．C	14．D	15．D	16．D	17．D	18．D	19．A	20．D
21．B	22．B	23．B	24．B	25．A	26．C	27．D	28．B	29．B	30．D

任务 2　计算机基础与操作系统练习题

1．C	2．D	3．B	4．D	5．B	6．B	7．B	8．B	9．C	10．D
11．D	12．C	13．A	14．B	15．B	16．C	17．C	18．B	19．A	20．C

任务 3　Word 文字处理练习题

1．C	2．A	3．C	4．B	5．D	6．C	7．C	8．B	9．D	10．B
11．A	12．B	13．B	14．C	15．A	16．C	17．A	18．C	19．B	20．C
21．B	22．A	23．D	24．C	25．A	26．C	27．C	28．B	29．C	30．C
31．A	32．C	33．C	34．D	35．A	36．C	37．B	38．D	39．B	40．D
41．B	42．B	43．A	44．B	45．B	46．D	47．B	48．C	49．C	50．D
51．B	52．A	53．B	54．D						

任务 4　Excel 数据处理练习题

1．D	2．A	3．D	4．A	5．C	6．B	7．C	8．B	9．D	10．C
11．C	12．C	13．B	14．D	15．C	16．C	17．A	18．C	19．C	20．B
21．A	22．A	23．A	24．B	25．A	26．C	27．D	28．C	29．B	30．A
31．B	32．B	33．C	34．A	35．A	36．B	37．B	38．C	39．C	40．A

41. A 42. D 43. A 44. B 45. A 46. A 47. C 48. D 49. D 50. B

任务 5 PowerPoint 演示文稿制作练习题

1. C 2. A 3. C 4. C 5. D 6. C 7. D 8. A 9. C 10. B
11. A 12. B 13. A 14. C 15. A 16. B 17. A 18. A 19. B 20. D
21. A 22. D 23. D 24. B 25. B 26. A 27. D 28. A 29. B 30. C
31. B 32. B 33. C 34. A 35. B 36. C 37. C 38. B 39. A 40. D

任务 6 计算机网络技术练习题

1. C 2. B 3. A 4. A 5. B 6. B 7. C 8. A 9. C 10. B
11. A 12. B 13. C 14. D 15. C 16. C 17. C 18. C 19. A 20. C
21. A 22. B 23. B 24. A 25. A 26. D 27. C 28. B 29. B 30. B
31. A 32. D 33. D 34. B 35. D 36. D 37. C 38. D 39. C 40. D